气藏型储气库动态分析技术方法与实践

刘国良　廖　伟　郑得文　何　刚　等著

石油工业出版社

内容提要

本书以“十二五”期间中国石油建成投运的国家第一批商储库为研究对象，以近十年的分析技术方法应用和现场实践经验总结为例，内容涵盖基础资料整理、基本情况分析、气藏特征分析、注采能力分析、库容动用特征分析、地质体动态密封性分析、注采运行影响因素分析、储气库设计关键指标评价等动态分析方法，全面系统阐述气藏型储气库动态分析主要内容和技术方法。

本书可供储气库领域从事相关技术研究和运行的科研人员、管理人员参考阅读。

图书在版编目（CIP）数据

气藏型储气库动态分析技术方法与实践 / 刘国良等著 .—北京：石油工业出版社，2022.1

ISBN 978-7-5183-5100-8

Ⅰ . ① 气… Ⅱ . ① 刘… Ⅲ . ① 地下储气库 – 研究 Ⅳ . ① TE972

中国版本图书馆 CIP 数据核字（2021）第 251325 号

出版发行：石油工业出版社

（北京安定门外安华里 2 区 1 号　100011）

网　址：www.petropub.com

编辑部：（010）64253017　　图书营销中心：（010）64523633

经　　销：全国新华书店

印　　刷：北京中石油彩色印刷有限责任公司

2022 年 1 月第 1 版　2022 年 1 月第 1 次印刷

787×1092 毫米　开本：1/16　印张：8.75

字数：210 千字

定价：120.00 元

（如出现印装质量问题，我社图书营销中心负责调换）

《气藏型储气库动态分析技术方法与实践》撰写人员

刘国良	廖　伟	郑得文	何　刚
丁国生	李　彬	戴　勇	罗双涵
完颜祺琪	王皆明	邱恩波	张士杰
张赞新	王　玉	郑　强	李欣潞
胥洪成	李　春	赵　凯	张刚雄
马小明	毛川勤	陈显学	王文厚
杨琼警	杨树合	周　源	丰先艳
王娅妮	夏　勇	李　翔	宋丽娜
罗海涛	陆　叶		

序 / PREFACE

天然气是优质高效、绿色清洁的低碳能源。加快天然气“产供储销”体系建设，促进协调稳定发展，是我国推进能源生产和消费革命，构建清洁低碳、安全高效的现代能源体系的重要路径。地下储气库是天然气工业的“粮仓”和“银行”，在天然气“产供储销”体系中不可或缺，在应对突发供气短缺事件中作用不可替代。2021 年，国家能源局发布《中国天然气发展报告》，要求“十四五”及未来一段时间，天然气行业要立足“双碳”目标和经济社会新形势，统筹发展和安全，满足经济社会发展对清洁能源增量需求，推动天然气对传统高碳化石能源存量替代，加强储气能力建设，研究提高储气库采气能力设计标准，提高储气库建设与国产气上产的协同力度，构建现代能源体系下天然气与新能源融合发展新格局，实现储气行业高质量发展。

近十年来，国内已建成 14 座储气库（群），设计总工作气量 $237\times10^8\text{m}^3$，2020 年形成储气调峰能力 $142\times10^8\text{m}^3$，约占当年全国天然气消费量 $3316\times10^8\text{m}^3$ 的 4.3%，储气调峰能力的建设提升速度仍然落后于消费需求的增长速度，精细刻画、深度挖掘在役储气库的调峰潜力成为快速提升保供能力的有效手段，储气库动态分析是实现储气库科学生产管理和安全高效运行的一项重要内容。

随着我国气藏型地下储气库持续建设与运行，相关专业配套技术也日臻完善，尤其是中国石油于 2010 年筹建的 6 座商储库，经过十年来的长期运行和实践，对应技术积累沉淀也最丰富。中国石油天然气集团有限公司新疆油田储气库研究与运行管理团队，联合中国石油勘探与生产分公司、勘探开发研究院、大港油田分公司、西南油气田分公司、辽河油田分公司、华北油田分公司、长庆油田分公司等储气库研究与管理机构，历时两年系统总结了国内最具有代表性的 6 座气藏型储气库在动态分析中积累的丰富经验和技术方法，值得储气库领域从事相关技术研究和运行管理人员参考，能够给当前正在实施的国内储气库建设运行提供丰富的技术指导和经验借鉴。期望本书能为促进储气库行业这一新兴领域的快速发展有所贡献。

中国科学院院士

2021 年 9 月

前言 /FOREWORD

天然气地下储气库是用于天然气注入、储存、采出的地下地面一体化系统，通常分为气藏型、油藏型、含水层型、盐穴型、矿坑型等类型。气藏型储气库是利用气藏改建的储气库，通过优化设计高效注采气设施，使其具备季节调峰、应急供气和战略储备等多重功能。与含水层型、盐穴型等其他类型储气库相比，气藏型储气库存在无可比拟的先天优势，具有建库技术难度低、周期短以及投资少等优点，因此被西方等储气库大国广泛采用。根据国际天然气联盟最新统计资料，全球共有 662 座运营的地下储气库，其中气藏型储气库 486 座，类型占比达 73%，形成工作气量 $3431\times10^8m^3$，规模占比高达 80%，也是目前五种主要储气库类型中发展历史最悠久、调峰规模最大、技术配套最齐全的储气库类型。

储气库动态分析是保障储气库科学安全高效调峰运行的一项重要内容。国外公开文献未能检索到储气库动态分析方面相关的标准规范。在储气库多周期注采调峰运行过程中，如何开展储气库动态分析，持续深化气藏地质认识、科学评价注采气能力、实现库容合理高效动用、保障地质体动态密封性、提高注采运行效率是储气库始终面临的攻关难题。在国内外缺少可借鉴经验的现实情况下，中国石油天然气集团有限公司储气库管理与研究团队，基于国内储气库近十年的分析技术方法应用和现场实践经验总结，集成了储气库管理部门、科研院所及各生产管理单位储气库动态分析、注采调峰研究成果和管理经验，规范了储气库动态分析的主要内容和方法，填补了储气库动态分析领域的技术空白。

本书以“十二五”期间中国石油建成投运的国家第一批商储库为研究对象，以近十年的分析技术方法应用和现场实践经验总结为例，内容涵盖基础资料整理、基本情况分析、气藏特征分析、注采能力分析、库容动用特征分析、地质体动态密封性分析、注采运行影响因素分析、储气库设计关键指标评价等动态分析方法，对气藏型储气库动态分析主要内容和技术方法做了较为系统全面的阐述，并涉及储气库新技术、新方法的应用，分析内容更加全面、分析结果更加科学。所涉及的储气库动态分析技术方法已经过中国石油 10 余座储气库（群）长期的现场运行实践检验，有效指导了储气库扩容达产和高效调峰，并取得良好的现场应用效果，具有较强的指导作用，也将为我国其他储气库的建设运行及国家 2030 年 $1000\times10^8m^3$ 储气库调峰能力建设和高效注采调峰提供丰富的技术指导和经验借鉴。

全书分为三章，第一章第一节由何刚、王皆明、李春撰写，第二节由丁国生、李彬、完颜祺琪撰写，第三节由张赟新、张刚雄、赵凯撰写，第四节由郑得文、何刚、廖伟撰写；第二章第一节由郑强、宋丽娜、陆叶撰写，第二节由张士杰、王玉、罗海涛撰写，第三节由廖伟、张士杰、郑强撰写，第四节由廖伟、李春、李翔撰写，第五节由廖伟、胥洪成、邱恩波撰写，第六节由廖伟、李春、赵凯撰写，第七节由廖伟、罗双涵、张赟新撰写，第八节由何刚、廖伟、戴勇撰写；第三章第一节由郑强、李欣潞撰写，第二节由马小明、杨树合撰写，第三节由毛川勤、周源撰写，第四节由陈显学、丰先艳撰写，第五节由王文厚、王娅妮撰写，第六节由杨琼警、夏勇撰写。全书由廖伟负责统稿，由刘国良审查完稿。

本书撰写过程中得到了中国石油勘探与生产分公司、勘探开发研究院、大港油田分公司、西南油气田分公司、辽河油田分公司、华北油田分公司、长庆油田分公司相关领导及专家的大力支持和帮助，在此一并表示衷心感谢。

由于储气库建设在国内属新兴行业，经验积累的历史较短，本身又是一个复杂的系统工程，涉及专业领域广泛，尽管在撰写过程中参阅了大量资料，但受限于著者的理论基础和技术水平，书中难免存在疏漏和不当之处，敬请广大读者和同行予以指正。

目录 /CONTENTS

第一章　绪　论

第一节　气藏型储气库基础术语

随着国内储气库行业的发展进步，调峰能力不断提升，在国内储气库管理机构部门的统一规划部署下，储气库业务管理逐步规范化，逐步制定出台了储气库的专用术语，针对气藏型储气库，有以下术语。

气藏型储气库（storage in gas fields）：利用气藏改建的储气库。

储气地质体（geologic body for gas storage）：由储气层、上覆盖层、下伏地层、断层、围岩及相关油气水体系组成的一个或多个圈闭构成，对天然气多周期注采储存具备“纵向封存、横向遮挡”的地质单元。

储气层（reservoir of gas storage）：用于储存天然气、具有一定渗流能力的储层或具有良好密封性能且适合建造地下空洞的岩层。

监测层（monitoring stratum）：用于监测储气库密封性的储气层邻近地层。

原始孔隙体积（original pore volume）：油气藏开发动态法计算的含油气孔隙体积。

提压系数（boost coefficient）：储气库设计上限压力与原始地层压力的比值。

上限压力（maximum allowable storage pressure）：根据地质 / 工艺条件和完整性要求，储气库方案设计的最大地层压力。

下限压力（minimum allowable storage pressure）：根据地质 / 工艺条件和完整性要求，储气库方案设计的最小地层压力。

储气体积（gas volume）：储气层中充填天然气的原始孔隙体积或空洞的总体积。

有效储气体积（effective gas volume）：储气库建库可利用的储气体积。

库容量（gas storage capacity）：储气库上限压力时储气体积内储存的天然气量在标准参比条件下的体积。

有效库容量（effective gas storage capacity）：储气库上限压力时有效储气体积内储存的天然气量在标准参比条件下的体积。

工作气量（working gas volume）：储气库从上限压力运行到下限压力时采出的天然气量在标准参比条件下的体积。

垫气量（cushion gas volume）：储气库下限压力时储存的天然气量在标准参比条件下的体积。

基础垫气量（basic cushion gas volume）：气藏废弃压力时储存的天然气量在标准参比

条件下的体积。

附加垫气量（additional cushion gas volume）：从气藏废弃压力提高到下限压力时，需向储气库中注入的天然气量在标准参比条件下的体积。

补充垫气量（supplemental cushion gas volume）：从建库时的地层压力提高到下限压力时，需向储气库中注入的天然气量在标准参比条件下的体积。

日注气能力（daily gas injection capacity）：在地下 / 地面设施和技术经济条件约束下，储气库每天能够注入的天然气量。

日调峰能力（daily gas withdrawal capacity）：在地下 / 地面设施和技术经济条件约束下，储气库每天能够采出的天然气量。

注采井（injection and production well）：具有注气和采气功能的井。

监测井（monitoring well）：具有监测储气库密封性、生产动态、流体运移特征、地层稳定性等不同功能的井。

封堵井（plugging well）：为确保储气库完整性而进行封堵作业的井。

盲井（blind well）：完钻后下套管固井但不射孔，应用地球物理方法探测储气库气水界面和地层含气饱和度等变化特征的井。

联络线（connection pipelines）：连接储气库集注站和分输站之间的管线。

天然气集配站（gas gathering and distributing station）：储气库为实现对所辖多口单井进行采气期集气和注气期配气功能而设置的站场。

储气库完整性（underground gas storage integrity）：储气库地质体、井和地面设施处于功能完整、风险受控、安全可靠的服役状态。

储气库完整性管理（underground gas storage integrity management）：为保证储气库完整性而进行的一系列技术和管理活动。

注采周期（injection and production cycle）：经历一个注气和采气的操作过程。

平衡转换期（equilibrium period）：储气库注气和采气过程转换的时间段。

库存量（inventory）：储气库在某地层压力下储存的天然气量在标准参比条件下的体积。

有效库存量（effective inventory）：储气库在现有注采井网条件下能够动用的天然气量在标准参比条件下的体积。

未动用库存量（unavailable inventory）：储气库在现有注采井网条件下无法动用的天然气量在标准参比条件下的体积。

调峰气量（withdrawal gas volume）：储气库从某地层压力运行到下限压力时能够采出的天然气量。

损耗气量（gas loss）：储气库在注气和采气过程中损耗的全部天然气量。

注采气费用（gas injection and production fee）：注采气过程中直接用于气井、注采气站以及其他生产设施的材料费、燃料费和动力费。

储转费（gas storage fee）：单独运营的储气库为达到项目规定的收益率，对储气库使用方收取每立方米天然气的使用费。

垫气费（cushion gas fee）：储气库下限压力时储存的天然气量价值，其中气藏型储气库垫气费由剩余可采储量价值和补充垫气价值组成。

单位工作气量建设投资（construction investment of unit working gas volume）：储气库工程项目建设投资与设计工作气量的比值，其中建设投资包括前期评价费、工程投资、垫气费、利用已有设施价值或原有资产购置费等。

单位工作气量投资（investment of unit working gas volume）：储气库工程项目总投资与设计工作气量的比值，其中总投资包括建设投资、建设期利息和流动资金等。

第二节　国外储气库发展现状

1915 年，加拿大在安大略省 Welland 气田基础上改建成天然气地下储气库，是地下储气库建设最早的国家。该储气库是全球第一座气藏型地下储气库，是目前六种主要储气库类型中发展历史最悠久、标准化规范化最好、技术体系最齐全的储气库类型。截至 2019 年 11 月，全球共有 662 座运营的地下储气库（表 1–1），总工作气量为 $4277\times10^8m^3$，最大采气量为 $74.1\times10^8m^3/d$，总工作气量约占全球天然气总消费量（$39106\times10^8m^3$）的 10.9%。

表 1–1　全球不同地区在运营储气库基本情况（据 Cedigaz，2019）

地区及国家	储气库数量				工作气量（10^9m^3）				最大采气速率（$10^6m^3/d$）			
	盐穴型	枯竭油气藏型	含水层型	总计	盐穴型	枯竭油气藏型	含水层型	总计	盐穴型	枯竭油气藏型	含水层型	总计
北美地区	**44**	**350**	**45**	**439**	**14.6**	**132.6**	**12.5**	**159.7**	**1040**	**2486**	**267**	**3793**
加拿大	6	47		53	0.7	25		25.7	19	347		366
美国	38	303	45	386	13.9	107.6	12.5	134	1021	2139	267	3427
中南美洲		**1**		**1**		**0.1**		**0.1**		**2**		**2**
阿根廷		1		1		0.1		0.1		2		2
欧洲	**48**	**74**	**20**	**142**	**19.5**	**75.1**	**15**	**109.6**	**834**	**1070**	**282**	**2186**
奥地利		8		8		8.4		8.4		97		97
比利时			1	1			0.7	0.7			15	15
保加利亚		1		1		0.6		0.6		4		4
克罗地亚		1		1		0.6		0.6		6		6
捷克	1	7	1	9		3.3	0.2	3.5	6	49	5	60
丹麦	1		1	2	0.4		0.6	1	14		11	25

续表

地区及国家	储气库数量				工作气量（10^9m^3）				最大采气速率（$10^6m^3/d$）			
	盐穴型	枯竭油气藏型	含水层型	总计	盐穴型	枯竭油气藏型	含水层型	总计	盐穴型	枯竭油气藏型	含水层型	总计
法国	3		10	13	1.1		10.6	11.7	77		200	277
德国	31	11	5	47	15.2	8.9	0.5	24.6	530	140	17	687
匈牙利		5		5		6.3		6.3		79		79
意大利		13		13		17.2		17.2		296		296
拉脱维亚			1	1			2.3	2.3			30	30
荷兰	1	4		5	0.3	14		14.3	44	234		278
波兰	2	7		9	0.7	2.5		3.2	28	24		52
葡萄牙	1			1	0.2			0.2	7			7
罗马尼亚		7		7		3.2		3.2		33		33
塞尔维亚		1		1		0.5		0.5		5		5
斯洛伐克		3		3		3.6		3.6		45		45
西班牙		3	1	4		2.8	0.1	2.9		24	4	28
瑞典	1			1				0.0	1			1
土耳其	1	1		2	0.6	2.8		3.4	20	25		45
英国	6	2		8	1	0.4		1.4	107	9		116
原苏联地区	**4**	**32**	**12**	**48**	**0.8**	**102.8**	**21.7**	**125.3**	**41**	**909**	**250**	**1200**
亚美尼亚	1			1		0.2		0.2	9			9
阿塞拜疆		2		2		4.8		4.8		15		15
白俄罗斯	1	1	1	3	0.5	0.6	0.4	1.5	20	6	5	31
哈萨克斯坦		1	2	3		4	0.7	4.7		27	7	34
吉尔吉斯斯坦		1		1		0.1		0.1		1		1
俄罗斯	2	14	7	23	0.3	57.3	18.8	76.4	12	547	224	783
乌克兰		11	2	13		30.4	1.8	32.2		257	14	271
乌兹别克斯坦		2		2		5.4		5.4		56		56
中东地区		**3**		**3**		**9.9**		**9.9**		**60**		**60**
迪拜		1		1		3.3		3.3		4		4

续表

地区及国家	储气库数量				工作气量（10^9m^3）				最大采气速率（$10^6m^3/d$）			
	盐穴型	枯竭油气藏型	含水层型	总计	盐穴型	枯竭油气藏型	含水层型	总计	盐穴型	枯竭油气藏型	含水层型	总计
伊朗		2		2		6.6		6.6		56		56
亚太地区	**3**	**26**		**29**	**0.7**	**22.4**		**23.1**	**2**	**167**		**169**
澳大利亚		8		8		7.2		7.2		30		30
中国	3	11		14	0.7	13.8		14.5	2	129		131
日本		5		5		1.1		1.1		5		5
新西兰		1		1		0.3		0.3		3		3
中国台湾		1		1								
世界总计	**99**	**486**	**77**	**662**	**35.6**	**342.9**	**49.2**	**427.7**	**1917**	**4692**	**799**	**7408**

一、全球主要地区储气库分布情况

（一）全球地下储气库工作气量分布

从统计来看，全球各地区地下储气库总工作气量中，北美地区占37.4%、原苏联地区占29.3%、欧洲占25.6%（图1–1），这三个地区占全球总工作气量的92.3%，这三个地区储气库工作气量占年消费比例平均为18.9%。其中，工作气量最高的前五个国家依次为美国、俄罗斯、乌克兰、加拿大和法国。

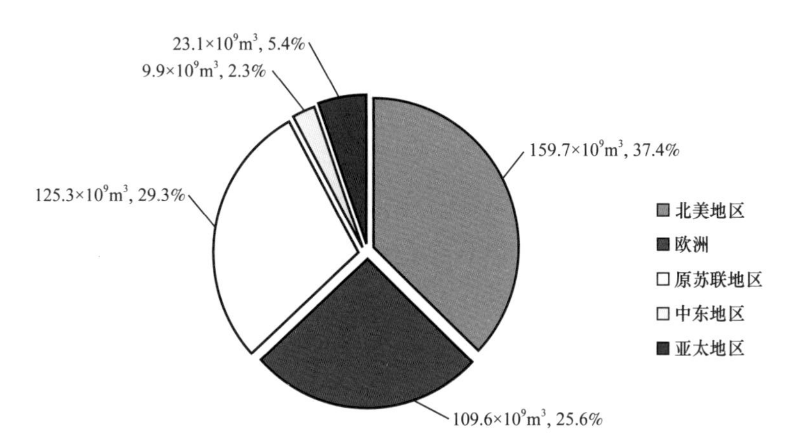

图1–1 世界主要地区储气库总工作气量及其比例统计

（二）全球枯竭油气藏型储气库占比情况

从不同类型储气库占比情况看，枯竭油气藏型储气库共486座，占储气库总数的73.4%，工作气量占80.2%（图1–2）。除枯竭油气藏型、含水层型和盐穴型三种主要类型外，其他类型地下储气库工作气量很少，采用岩洞、废弃矿坑等改建的地下储气库仅在捷克、瑞典和德国有个别的商业运营案例。

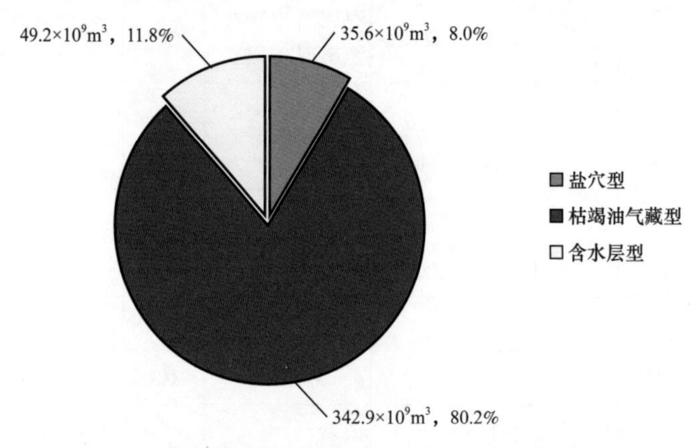

图 1–2 世界主要储气库类型总工作气量及其比例统计

二、全球主要地区储气库情况

（一）美国储气库现状

美国是世界上地下储气库数量最多的国家，发展也较早，自 1916 年在纽约州 Buffalo 附近的 Zoar 枯竭气田改建储气库以来，1954 年在 CALG 的纽约城气田首次利用油田建成储气库，1958 年在肯塔基州首次建成含水层储气库，1963 年在美国科罗拉多州 Denver 附近首次建成废弃矿坑储气库。南加利福尼亚州储气库规模最大，储量最多，代表着美国天然气地下储气库的储气能力和技术水平，并促使美国储气库相关技术快速发展成熟。截至 2019 年 11 月，美国共有储气库 386 座，工作气量 $1340 \times 10^8 m^3$，约占年天然气消费量的 16.1%，储气库埋深分布于 50～3970m，储层有效厚度平均为 21.5m。

（二）俄罗斯储气库现状

俄罗斯地下储气库建设工作起步较晚，但发展较快。由于季节性用气不均衡问题日益突出，1946—1955 年，在莫斯科建造了 7 座加气站，1956 年开始地质勘探，寻找合适的储气库建设位置，1958 年对乌法的巴什卡托夫枯竭天然气藏进行注气试验，1959 年建成了卡卢加储气库，1960 年开始向晓尔科沃储气库注入天然气，第一批储气库的建成逐步为俄罗斯技术发展和建设提供了经验，截至 2019 年 11 月，俄罗斯共有储气库 23 座，工作气量 $764 \times 10^8 m^3$，约占年天然气消费量的 18.6%，储气库地层埋深分布在 240～2100m 之间，储层平均孔隙度和渗透率分别为 18% 和 540mD，储层有效厚度平均为 80.4m。

（三）欧洲储气库现状

欧洲地区目前地下储气库建设已较为发达，尤其是法国、德国、意大利和荷兰，储气库的合计工作气量达到 $678 \times 10^8 m^3$，约占欧洲总工作气量的 61.9%。但部分欧洲国家地下储气库建设较晚，其中，法国储气库建设虽然较晚，但技术发展迅速，鉴于法国能源自给率不足以及天然气季节性需求极不平衡，建设天然气地下战略储气库对法国非常重要。法国从 1956 年开始建设地下储气库，1968 年投运了法国最大的含水层型储气库，储层深度为 1120m，工作气量为 $32.8\times10^8m^3$，截至 2019 年 11 月，法国共有储气库 13 座，工作气量为 $117\times10^8m^3$，约占年天然气消费量的 28.5%。

三、全球天然气消费与需求情况

根据 2018—2020 年全球不同地区天然气产量与消费量统计情况可以看出（表 1-2）：天然气产量以北美地区、原苏联地区、中东地区和亚太地区为主，天然气消费量以北美地区、亚太地区、原苏联地区和欧洲为主，其中天然气产量低于天然气消费量的主要为欧洲和亚太地区，其中，2020 年亚太天然气产量与消费量缺口达到 $2095\times10^8m^3$。受疫情影响，全球能源需求遭遇空前打击，天然气市场需求严重下滑，或导致该行业未来几年增长势头受抑制，进而对未来市场发展造成持久影响。但国际能源署预测，随着天然气在世界能源消费结构中的比重不断上升，作为清洁优质能源，预计世界天然气需求仍将较快增长。潜在需求更是远远大于天然气供应量，且季节性用气需求变化较大，为保证天然气的安全供应，地下储气库工作气量需逐步提高，地下储气库建设与发展仍将在大部分地区持续。

表 1-2 2018—2020 年全球不同地区天然气产量及消费量情况（据 Cedigaz，2021）

单位：10^9m^3

地区	2018 年		2019 年		2020 年	
	产量	消费量	产量	消费量	产量	消费量
北美地区	1052.9	1025.7	1130.3	1055.1	1109.9	1030.9
中南美洲	175.9	169.2	172.3	163.3	152.9	145.6
欧洲	251.4	548.3	235.2	553.5	218.6	541.1
原苏联地区	841.3	549.3	858.2	580.8	802.4	573.7
中东地区	663.3	530.3	678.2	544.5	686.6	552.3
非洲	241.4	154	243.8	155.3	231.3	153
亚太地区	626.6	829.7	658.2	858.1	652.1	861.6
总计	3852.8	3806.5	3976.2	3910.6	3853.8	3858.2

四、全球地下储气库工作特点

（一）调峰利用率情况

枯竭油气藏型储气库占比较高，但盐穴型储气库利用率高，短时间调峰作用更加突出。枯竭油气藏型储气库具有储气库空间大、储气压力大等优点，主要用于平衡天然气的季节性需求，具有较长时间内削峰平谷的作用。然而，随着天然气市场自由化给储气库行业带来重要变化，全球资源尤其是北美和欧洲地区对盐穴型储气库产能需求不断增加。盐穴型储气库具有利用率高、注气时间短、垫底气用量少及可将垫底气完全采出等优点。虽然盐穴型储气库工作气量仅占全球工作气量的 8.3%，但其最大采气速率占比达到 25.8%（图 1–3），体现出了更加高注入和高采出的特点。

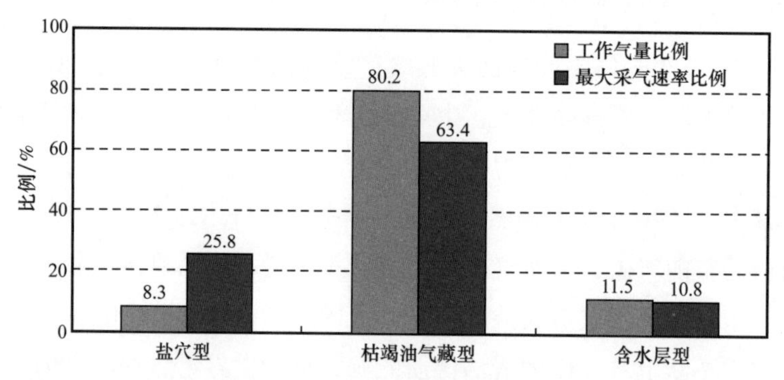

图 1–3　世界主要储气库类型工作气量比例及最大采气速率比例统计

（二）全球已建成储气库类型发展趋势

根据全球不同地区在运营储气库基本情况统计，全球已建成枯竭油气藏型储气库的规模最大，约占全球总工作气量的 80.2%，盐穴型储气库占全球总工作气量的 8.3%，枯竭油气藏型储气库占比较高，但盐穴型储气库利用率高，短时间调峰作用更加突出，适用于月度和日度天然气调峰。

枯竭油气藏型储气库的单位投资成本低，一次建设规模大，一般是储气库规划初期的优先选择，但其库址资源稀缺，调峰能力参差不齐。在天然气市场多元化的地区，需要适应灵活多变的供需关系，也会侧重建设盐穴型储气库。

例如欧洲拥有 48 座盐穴型储气库，占全球盐穴型储气库总工作气量的 54.8%，占全欧洲储气库工作气量的 17.8%，规模指标均高于全球平均水平，反映了欧洲市场对盐穴型储气库的青睐。未来欧洲在建和在规划的储气库增量趋势也将以盐穴型为主，盐穴型储气库新增工作气量占比 54%。

五、全球储气库技术研究及发展方向

（一）用惰性气体代替天然气作储气库的垫层气

目前，地下储气库是以天然气作垫层气，垫层气在地下储气库的初期投资与运营费用中占第一位。它使得大量的资金成为“死”资金而不能创造出更多的经济效益，是一项巨大的损失。多年来，一些地下储气库比较发达的国家一直在研究减少垫层气来增大有效气和利用惰性气体替换天然气作地下储气库垫层气的可能性。美国从 20 世纪 70 年代开始在油田利用氮气和烟气置换石油进行了实验室研究和工业性试验研究。研究表明，部分利用氮气或压缩机站的废气替换天然气具有可观的前景，利用液态空气或天然气工业规模制氮已经是一种成熟技术。专家认为，采用惰性气体代替垫层天然气，在经济上较为有利。二氧化碳是一种理想的气体，在采气期间，随着地层压力的下降，二氧化碳会膨胀而充填垫层容积。当注气时，随着储气库压力的升高，其压缩紧密度会超过天然气。减少地下储气库中垫层气体积，增大有效气气量，用惰性气体作垫层气，是降低地下储气库投资和运行费用的最主要发展方向。

（二）提高天然气储量和生产能力的技术

近年来，国内外在研究提高天然气的有效储存量和生产能力方面取得了重大进展，主要有三种趋势：一是各储气库的单井产气能力有很大的差异，但在气库钻采工程设计时都努力满足“大进大出”的要求，使气井产能尽可能得到最大程度的发挥，采用水平钻井等技术，既可减少井的数量，又可提高单井产能；二是储气井的激励，在加拿大、意大利和德国的一些废油气田，采用激励气井的办法（酸化处理，使岩石溶解和破碎）大大提高了产气能力，某些井的敞流能力提高了 50%～400%；三是提高最大储气压力，按规程规定，最大储气压力不得高于原始油气田压力，如果超过原储气层压力，就可能使覆盖在气库上面的低渗透区以及使微小的构造产生裂缝，致使天然气漏入覆盖层或地表。但在德国的一些储气场，最大允许压力却明显高于原始压力，最大提高率达到 24%。事实上，对某些废油气田，提高最大储气压力可使有效燃气储存率和采气率提高 10%～40%，但必须预测储气库顶部的密封性，并增加检测手段，以防天然气泄漏。

（三）高度的自动化管理

分散控制系统（DCS）在储气设施中的广泛应用，使得国外地下储气库自动化控制和管理水平不断提高。遥控和自动化技术的进步，可以实现在一个控制中心同时控制几个远程储库设施。在北亚得里亚海上气田，成功地采用了 SIRI2ONE-2 系统对各个储气库的生产进行集中管理，大大降低了作业成本，能迅速满足输气管网的要求。意大利正在研究建立一个集散式操作中心，以对 PoValley 地区所有的储气设施实行集中遥控管理。研究方向是，在 UNIX 环境下，采用 X2 Window 作机器接口组成计算机网络，达到既能对所有储气设施的运行进行监视，又能通过每个 DCS 系统对各个储气设施实施操作控制的目的。美国圣弗朗西斯科（旧金山）以东 110km 处的麦克唐纳（McDonald）地下储气库采用 SCADA 系统，实现了现代化管理。

第三节　中国储气库发展现状

中国地下储气库起步较晚，初次尝试利用废弃气藏建设储气库是在 20 世纪 60 年代末，直到 20 世纪 90 年代初，随着陕甘宁大气田的陆续发现和陕京输气管线的建设，国内才真正开始研究建设地下储气库以确保北京和天津两大城市的调峰供气。中国在大庆油田首先进行了利用气藏改建地下储气库的尝试，分别是 1969 年建成的萨尔图 1 号储气库和 1975 年建成的喇嘛甸储气库。萨尔图 1 号储气库的储气量为 $3800\times10^4m^3$，在运行 10 多年后，萨尔图 1 号储气库因与城市扩建后的安全距离问题而被拆除。喇嘛甸储气库经两次扩建，储气量已达到 $25\times10^8m^3$。2000 年，中国第一座商业储气库——中国石油大港油田大张坨储气库开始投入运行以来，拉开了中国地下储气库建设运行的序幕，标志着中国地下储气库进入了一个新的发展阶段。

中国已建成储气库群 18 座（表 1–3），储气库 35 座，以枯竭油气藏型储气库为主，设计总工作气量为 $282.13\times10^8m^3$，最大日调峰能力为 $2.26\times10^8m^3$，设计总工作气量约占 2020 年全国天然气总消费量（$3306\times10^8m^3$）的 8.5%。

表 1–3　中国地下储气库设计参数统计表

储气库		类型	座数	库容量（10^8m^3）	工作气量（10^8m^3）	注气能力（10^4m^3）	采气能力（10^4m^3）	投产年份	运营单位
新疆	H	枯竭气藏型	1	107	45.1	1550	2880	2013	中国石油
西南	XGS	枯竭气藏型	1	42.8	22.8	1400	2855	2013	中国石油
	TLX	枯竭气藏型	1	15.17	11.07	608	922	—	中国石油
辽河	S6	枯竭气藏型	1	57.54	32.22	1200	1500	2013	中国石油
	L61	枯竭气藏型	1	5.25	3.4	400	300	2020	中国石油
华北	SQ	枯竭气藏型	5	67.4	23.3	1166	2100	2013	中国石油
	J58	枯竭气藏型	3	16.8	7.5	400	600	2010	中国石油及国家管网
	LZ	盐穴型	1	4.6	2.5	150	200	2011	中国石油
	JTa	盐穴型	1	26.4	17.1	900	1500	2007	中国石油及国家管网
	JTb	盐穴型	1	11.79	7.23	450	600	2015	中国石化
	GHJT	盐穴型	1	4.6	2.6	200	500	2018	香港中华、港华
大港	BN	枯竭油气藏型	3	7.8	4.3	240	400	2014	中国石油
	DZT	枯竭油气藏型	6	69.6	30.3	1755	3400	2000	中国石油
长庆	S224	气藏型	1	8.6	3.3	227	417	2014	中国石油
	SD39–61	枯竭油气藏型	1	22.3	10.8	600	834	—	中国石油
	Y37	枯竭油气藏型	1	78.1	27	1350	2216	—	中国石油

续表

储气库		类型	座数	库容量（10^8m^3）	工作气量（10^8m^3）	注气能力（10^4m^3）	采气能力（10^4m^3）	投产年份	运营单位
吉林	STZ	枯竭油气藏型	1	11.21	5.28	270	450	2020	中国石油
大庆	LMD	枯竭油气藏型	1	25	2.5	100	100	1975	中国石油
	SZ	枯竭油气藏型	1	5.17	3.61	190	200	2019	中国石油
中原	W96	枯竭油气藏型	1	5.88	2.95	200	500	2012	中国石化
冀东	NP1-29	枯竭油气藏型	1	19.5	8.67	50	50	—	中国石油
	PG2	枯竭油气藏型	1	21.5	8.6	50	50	—	中国石油
合计			35	634.01	282.13	13456	22574		

注：国家管网—国家石油天然气管网集团有限公司；香港中华—香港中华煤气有限公司；港华—港华燃气有限公司。

一、中国天然气产量及消费量发展情况

天然气具有环保、安全、热值高等优点，是一种优质、高效、清洁的低碳能源，也是能源供应清洁化的最现实选择。近年来，受益于环境保护约束趋紧、政策支持等因素，天然气作为清洁能源的地位确立起来，该行业迎来快速发展时期。从近几年中国天然气产量及消费量统计结果可以看出（图 1-4 和表 1-4），天然气产量稳中上升，年平均增长幅度为 7.5%；天然气消费量上升势头迅猛，年平均增长幅度为 12.2%；国内天然气产量与消费量差距呈现逐年增大趋势，天然气对外依存度已经达到了 41.3%，2018 年中国就已经超过日本成为全球第一大天然气进口国，虽然距全球一次能源结构平均占比仍存在较大差距，天然气在我国能源结构中的比重呈现平稳快速攀升之势，而根据国家能源局等部门预测，2021 年中国天然气消费量将突破 $3600\times10^8m^3$，2030 年将超过 $5000\times10^8m^3$，对外依存度进一步提高，巨大的天然气市场需要配套地下储气库保证供气安全。

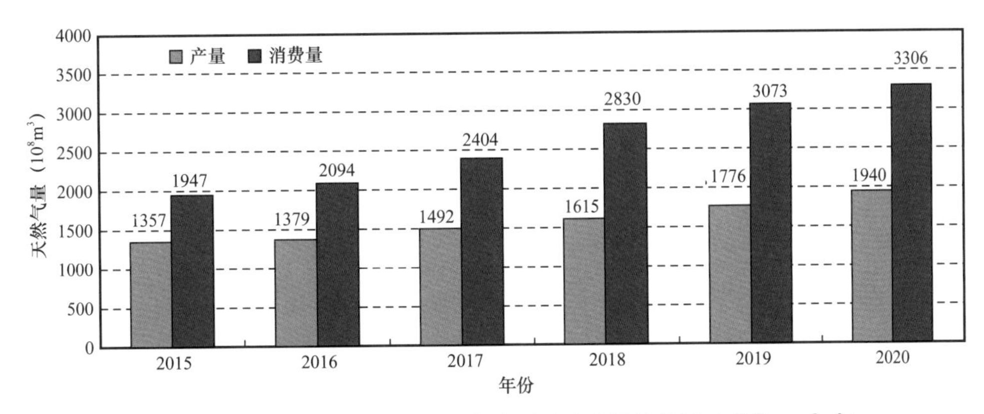

图 1-4　中国 2015—2020 年天然气产量及消费量柱状图（单位：10^8m^3）

表 1-4　中国 2015—2020 年天然气产量及消费量统计表　　单位：10^8m^3

参数	年份					
	2015	2016	2017	2018	2019	2020
产量	1357	1379	1492	1615	1776	1940
消费量	1947	2094	2404	2830	3073	3306

储气设施，尤其是地下储气库是促进国内天然气供需动态平衡、增强供应保障能力的重要设施，根据国家发展和改革委员会等部门陆续发布的《天然气基础设施建设与运营管理办法》《关于加快推进天然气储备能力建设的实施意见》等文件要求，根据国内储气库工作量占消费量偏低的现状，储气库未来将迎来新的建设发展阶段。

二、中国储气库发展历程

我国地下储气库发展主要经历了三个阶段。

第一阶段：1994—2009 年起步实践阶段。在进行了早期尝试，储气库的调峰供气作用得到一定重视，随着对国内（尤其是北京地区附近）油气藏、矿坑及煤矿等区域的考察论证，以及借鉴国外建设储气库的经验和技术。1994 年，中国石油管道板块牵头建设陕京输气管线配套储气库工程，重点缓解京津地区冬季供气不足、夏季供气富余的矛盾，先后建成了大港储气库群（六座）和京 58 储气库群（三座）。2009 年，一场寒冬导致的严重供气紧张局面凸显了地下储气库的重要性，国内储气库建设进入快速发展阶段。

第二阶段：2010—2016 年早期发展阶段。随着中国天然气储量、产量迅速增长，重大天然气管道工程不断开工建设并投产运行，尤其是陕京二线、三线，西气东输一线、二线、三线，中缅管道等建设运行，对地下储气库的需求也随之快速增长。中国石油储气库的建设在“十二五”期间逐步迈入快速发展的通道。中国石油作为国内储气库建设运行的主要单位，委托其勘探生产分公司牵头组织，全面开展储气库建设与运行工作，建设步伐大大加快。针对不同类型的储气库，中国石油先后优选了呼图壁储气库等一批油气藏建库，针对盐穴，优选了金坛等盐穴型储气库建库，针对水层也开展了储气库选址评价工作，随着八座储气库群的陆续建设投运，国内在工程建设及运行管理方面，逐步积累经验，形成了选址、设计、运行管理等一系列配套技术，同时掌握了油气藏型、盐穴型等不同类型储气库的建设运行经验，建成的储气库在储层埋深、地层压力、钻固井难度、注采压力等均获得突破。自 2013 年冬季以来，有效缓解了全国冬季天然气用气紧张的局面，发挥了储气调峰的重要作用。

第三阶段：2016 年以后快速发展阶段。随着中俄东线、西线等重点天然气管道工程的建设，需要配套建设更多的储气库工程，以保障天然气安全平稳供应，也是抵御持续增长的天然气对外高依存度所带来的风险的有效措施。一批新的储气库同样陆续进入建设阶段，未来我国地下储气库发展潜力巨大。但我国地质条件复杂，地下储气库的发展仍面临诸多挑战。不仅面临地下储气库工作气量需求巨大的压力，同时面临着天然气消费区与生产区域分离，消费市场寻求适宜建库条件难度大的问题，复杂的建库地质条件也带来了技术上的挑战以及高投资等问题。

三、中国储气库建设发展方向

（一）统筹天然气开发与地下储气库建设规划

枯竭油气藏是最主要的储气库选址目标，但一方面，地下储气库对地质条件要求苛刻，油气田开发可能采取对储层造成不可逆破坏的方式，无法改作储气库；另一方面，油气田规划一般只考虑开发周期内的经济性，设施处理能力往往不满足调峰要求，增加储气库改造的成本。我国石油公司应转变观念，不再以最大限度开采天然气为唯一目标，对适合作为地下储气库的目标，可从开发论证阶段起就早规划、早研究、早布局，通过全生命周期方案比选，择机将开发末期的气田改建为地下储气库，同时在设计阶段为储气库改造预留处理余量。

（二）天然气储备调峰设施建设多元化发展

天然气占我国一次能源消费的 8.8%，远低于全球 24% 的平均水平。为实现我国“双碳”目标，加快低碳清洁能源结构升级，我国将大力推动天然气产业发展。2020 年我国国内天然气对外依存度持续升高，其中液化天然气（LNG）进口量为 $926.4\times10^{8}m^{3}$，LNG 接收站建设周期短，调峰能力强，是快速提高天然气市场供应能力的有效手段。尽管欧美等传统天然气市场的储备调峰设施以储气库为主，但东亚 LNG 产业格局表明，LNG 储罐也能发挥重要作用。由于储气库的选址受地质条件制约，我国天然气储备设施建设应因地制宜，发展多元化储气类型。2020 年，国家五部委颁布的《关于加快推进天然气储备能力建设的实施意见》就明确指出，优先建设地下储气库、北方沿海 LNG 接收站和重点地区规模化 LNG 储罐。

（三）大型天然气储备调峰基础设施产业布局优化

LNG 是我国构建多元化天然气进口格局的重要手段，但 LNG 是低温液体，一旦高于 −160℃可能蒸发逸散，因此 LNG 储罐适宜作为天然气的短期缓存容器。LNG 上游资源供给和下游客户需求衔接不匹配时有发生，如果供给过量，则存在 LNG 溢罐、LNG 货船滞期和照付不议损失的风险；如果总体供给不足，则需要溢价采购天然气。地下储气库能承担跨季度周转天然气的战略储备任务，我国应利用自身地域辽阔、油气构造丰富的有利条件，提升 LNG 资源统筹能力的有效措施，综合考虑 LNG 接收终端和储气库的配套协同机制，发挥 LNG 供给调峰和储气库跨季储气的优势，在沿海 LNG 进口重点地区建设大型地下储气库，打造若干区域天然气战略储备基地，维持天然气市场供需稳定，平抑气价波动。

第四节　气藏型储气库的主要特点及技术挑战

一、气藏型储气库的主要特点

（一）地质条件复杂

1. 气藏构造复杂

总体来讲，气藏型储气库沉积环境较复杂，气藏内部构造发育，发育不同规模的小气藏或断层，部分存在边、底水等，给储气库的整体评估评价增加了难度，同时对钻完井和储气库交变工况下气体安全储存风险评价等提出了更高的要求。如新疆 H 储气库三条断层均断穿了直接盖层，断层的动态封闭性对储气库圈闭整体密封性安全至关重要。

2. 注采层埋藏深

受资源与市场分离客观因素影响，中东部天然气集中消费区域可选储气库气藏条件不理想，筛选的较好库址气藏埋深普遍大于 2000m，且以中低渗透储层为主，目前已建成的主力调峰储气库，如新疆 H、西南 XGS、华北 S4 等储气库气藏埋深为 2200～4700m。其中，华北 S4 气藏埋深达到了 4700m，是目前世界上已建埋深最大的储气库，增加了钻完井设计施工难度和长期交变载荷下井筒有效密封难度，且埋藏较深需要地面更高的注气压力，对地面工程建设用管线、配件、压缩机等动静设备均要求更高。

3. 储层物性以中高孔、中低渗为主，且非均质性强

建库储层岩性以砂岩为主，其次为碳酸盐岩，有效厚度为 5～50m，平均为 27.0m。受陆相复杂的沉积环境影响，储层物性较差，以中高孔、中低渗为主，非均质性强，不利于储气库大吞大吐。储层孔隙度以中高孔为主，孔隙度为 2.29%～23.9%，平均为 15.2%。储层渗透率以中低渗为主，渗透率为 1.15～346.5mD，平均为 120.8mD。

4. 地层流体关系复杂

国内气藏型储气库以带边底水的气藏为主，弱—中等水侵，地层水侵入特征明显，绝大部分采出程度较高，接近开发中后期甚至枯竭阶段，地层压力的衰竭导致边底水关系复杂，储集层平面和纵向上形成不同的流体分布区，导致储气库建库前库容量、工作气量、气井注采气能力等关键指标的设计难度大，储气库周期性高速往复注采条件下不同流体分布区含气孔隙动用效率和气体有效渗流能力也具有显著差异。

（二）建库技术体系相对成熟

国内气藏型储气库具有埋藏深、注采压力高、采出物组分复杂、储层物性差、压力系数低、老井多且井况复杂等特点。由于起步较早，且相对于其他类型储气库形成的规模较大，是最早开展相关研究的储气库类型，经过近 20 年的不断攻关完善，逐步解决并攻克了复杂地质条件下储气库建设技术系列难题，建立了气藏型储气库建库关键技术体系。

1. 建立了圈闭动态密封性评价技术

建立了以室内物理模拟和储气圈闭地应力—渗流耦合建模为主要手段的圈闭动态密封性评价技术，指导库址目标优选和后续建库地质方案设计。圈闭动态密封性评价主要是研究交变应力下盖层和断层密封性及其动态演化机理，并采用相关指标对其密封失效风险进行量化评价，盖层动态密封性需从微观毛细管密封性和宏观力学完整性两个方面综合评价。断层密封性评价包括侧向和纵向密封性评价两个方面。通过地质、地震、测井等资料综合解释，采用砂泥比、泥岩涂抹系数等指标可对侧向密封性进行较为准确的评价。对于纵向密封性，常规油气藏勘探通过测试和计算原始未受扰动的静态地应力，根据断层走向、倾角等，由静力平衡原理计算出断层面正压力，并结合砂泥比、断层带充填物等特征，定性评价纵向密封性。

2. 形成了建库关键指标的设计方法

形成了有效库容量、运行压力区间、工作气量和合理井网密度等储气库建库关键指标的设计方法。基于对开发中后期水侵气藏储集层流体分布和气水互驱渗流机理的深入分析，提出了以建库有效孔隙空间为核心的有效库容量设计新方法，其基本思想是在综合考虑气藏衰竭开发导致的部分孔隙空间永久损失和储气库大流量注采地层高速渗流孔隙局部动用的基础上，以建库可动用的有效含气孔隙空间为基础，采用动态物质平衡原理设计有效库容量。合理井网密度是在常规气藏开发井网密度设计方法基础上，针对储气库短期高速注采和不均衡调峰采气特殊性，采用考虑储气库有限时率的井网密度设计方法。

3. 建立了防漏堵漏钻完井技术体系

针对国内气藏型储气库埋藏深和地层压力系数低等复杂地质条件带来的井身结构优化设计、地层防漏堵漏和储集层保护等技术难题，以及注采井投产后需承受交变载荷和周期热应力工况的要求，建立超深储集层井身结构优化设计、超低压地层防漏堵漏和储集层保护技术、满足全生命周期的高质量固井技术等。研发了吸水树脂复合凝胶堵漏材料和高强度低弹性模量韧性水泥浆，建立了超低压地层防漏堵漏和满足储气库交变载荷工况下井筒长期有效密封的高质量固井技术，实现了世界最深、温度最高储气库安全钻井和高质量固井。其中，超低压地层防漏堵漏和韧性水泥浆固井技术是实现安全钻井和高质量建井的重要保障。

4. 形成了地面工程优化设计技术体系

形成了克服国内高压注气、采出气组分复杂等难题的储气库地面工程优化设计技术，实现了高压注气压缩机等核心装备国产化。针对中国复杂地质条件特点和储气库交变运行工况，按照“地面服从地下”的原则，对储气库地面全系统涉及的井、注采管道、集注站放空系统等关键节点进行优化设计，最终实现储气库调峰能力的最大化和地下、地面全系统的安全灵活运行。通过持续技术攻关，解决了压缩机气缸自然冷却、碳纤维新型抗冲击气阀研制、轴系扭转振动控制和活塞杆负荷在线监测等技术难题，成功研制了国内首台大功率高压高转速注气压缩机组。

5. 建立了安全监测和风险防控技术

建立了储气库地层—注采井—地面动设备全系统安全监测和风险防控技术。通过将储气库常规动态监测井网监测与微地震实时监测协同配套，形成了储气库地层漏失风险预警技术。在系统分析套管柱载荷的基础上，考虑椭圆度、壁厚不均匀度等几何形态以及腐蚀和裂纹缺陷等因素的影响，建立基于全井段测井数据的管柱剩余强度评价和管柱剩余寿命预测模型，针对环空带压井，通过研究注采作业对环空压力的影响规律及套管柱、油管柱、封隔器等井屏障主要部件的力学强度预测环空最大允许井口压力，并基于环空最大允许井口压力对环空带压井进行风险分级管理。

二、气藏型储气库的技术挑战

（一）动态分析与参数优化技术仍需持续攻关

经过多年的发展，国外已形成了一系列的动态监测手段与数学优化方法相结合来确定储气库合理的注采气量。国内近年来也开展了动态监测及分析技术方面的研究工作。利用数值模拟方法、节点分析方法、有限差分方法，对气藏边水能力、储气库体积及储气库的调峰作用等展开了研究及评价。但是，对储气库运行过程中储层物性、边底水变化以及小断层隔挡对气库注采能力的影响，依然缺乏合理评价方法；储气库储层非均质性易导致动态压力分布不均，亦缺乏有效的监测手段。

（二）注采系统一体化模拟及运行管理技术还不完善

经过多年发展，国外已形成了一系列的储气库注采模拟模型。在运行优化方面，国外储气库运行控制技术发展成熟，自动化控制和管理水平高，气库地上、地下一体化，注—采—输流程简化，形成广泛应用的自动化管理集散控制系统。与国外相比，国内目前储气库注采一体化模拟技术还不够完善，模型的系统性和完整性存在不足。目前，已经投产的地下储气库还未实现整体全过程控制管理，特别是针对投产、循环过渡及周期注采运行一体化运行管理。考虑地质、井筒及地面一体化的全方位管理的储气库建设才刚刚起步，还未形成上下游整体协调优化技术。

（三）扩大压力区间提高工作气量技术有待现场验证

气藏型地下储气库的库容量不等同于气藏地质储量，需考虑多方面因素来确定，包括盖层、圈闭以及断层封闭性对扩容的影响机理，储层物性特征及水体对扩容的影响机理，注气速度、压力对储气库扩容的影响机理，以及其他影响扩容的因素和一些扩容过程中存在的不利因素。在建库过程中，频繁注采会导致储层温度、压力及地质结构等不断发生变化，导致注采能力及库容发生变化。因此，必须科学、有效地对储气库进行扩容，以最大限度发挥储气库注采调峰能力，扩容增储、提升能力是储气库需长期性开展的工作。储气库提高运行上限压力可以提升库容和工作气量，这是因为一定的地下含气孔隙空间下，地层压力越高，可存储的天然气量越大，同时，高压和气体的流动会使地层中部分孔隙连通，提高有效库容量。目前西南 XGS 储气库已开展该项方案论证，进一步提升储气库调峰保供能力。随着国内储气库扩大压力区间提高工作气量技术方案的现场实施，将有更多的储气库开展相关的技术论证与现场试验工作。

（四）垫底气的研究和利用技术尚需攻关

在国内开发地下储气库项目时，一般要求地下油气藏有充足的垫气量，目的是提供预期的产出能力，一般垫气量占油气藏总气量的 40%～70%。当废弃一个地下储气库油气田时，垫气的很大部分在现有技术条件下采出是不经济的，用惰性气体充当垫气可以降低天然气的损失。对新储气库来说垫气投资占很大一部分，尤其是含水层储气库，因为含水层储气库相对油气藏储气库来说需要的垫气比例更高。如法国的 Gaz de France 是含水层储气库，库容量为 $5.95\times10^8m^3$，总垫气量为 $3.1\times10^8m^3$，其中 20% 的垫底气由惰性气体组成。从 1979 年 10 月开始把惰性气体注入构造较低的层位，远离位于构造中心的注采井，1981 年注入量达到 $0.6\times10^8m^3$。运行的工程表明工作气并没有被注入地层的惰性气体稀释。1986—1987 年的冬季，采出了 90% 的工作气，没有发现惰性气体。把惰性气体用作垫底气可以提高经济效益，但油气藏需符合一定的标准。基于排除和选择的过程，筛选标准分成两类。

第一类：应用前筛选标准去排除那些不能考虑把惰性气体用作垫底气的油气藏，条件包括：（1）气藏总产能小于 $0.85\times10^8m^3$；（2）注采井和观察井少于 10 口；（3）存在天然裂缝。

第二类：从前面筛选出来的具有合适地质条件、油藏条件的气藏中，再应用选择标准去选择最有前途的油田，包括：（1）气藏需要的垫气量高；（2）存在封闭构造；（3）有合适构造部位存储惰性气体；（4）油层较薄；（5）油层的渗透性较好且孔隙度较大；（6）非均质性较弱；（7）有可以注入惰性气体的合适数量的井；（8）有可以用于示踪测试的井。惰性气体当作垫底气，在注入时要考虑：（1）用作垫气的惰性气量；（2）惰性气体注入地层后的存储位置；（3）惰性气体注入井的位置及注入速度；（4）天然气注采井的位置及注采速度。现在一些国家在积极研究往地下储气库中注入惰性气体做垫底气，均得到了一定程度的发展，这些都将有助于垫底气的研究和应用。

（五）智能化储气库建设仍处于探索阶段

信息化、智能化注采技术可以提高储气和供气系统的效率和成本效益。我国储气库设计、建设与注采技术等方面已经有很多信息化技术应用。中国石化 W96 储气库采用了数据采集与监视控制（suspervisory control and data acquistion，SCADA）系统对储气库集注站及井场注采进行全过程的数据采集和集中管理、远程生产调度与远程监视控制等。但是地面以下的信息采集技术尤其是高温高压的实时参数采集技术目前应用较少，没有储气库动态运行的智能预测与自适应调整等能力，因此在峰谷运行调控、安全生产管控等方面仍缺乏更科学有效的指导，需要开展大量的研究工作。当前储气库信息化建设总体处于采集、监测与手动控制阶段，智能化注采尚处在探索阶段。

第二章　动态分析主要内容及方法

储气库动态分析是实现储气库科学生产管理和安全高效运行的一项重要内容。储气库建成投运后，随着储气库多周期注采调峰运行，天然气的注入和采出导致流体在地下渗流、存储状态的不断变化，原有的建库初步设计方案指标可能与实际注采运行存在偏差，必须在储气库注采运行实践过程中不断分析、检验和调整。因此，及时准确掌握储气库气藏动态特征、注采调峰能力、库容动用特征、地质体动态密封性、注采运行影响因素等变化情况，并进行系统分析，是做好储气库注采运行管理、不断提高注采运行效率、保障安全高效运行的一项十分重要的工作。储气库动态分析的主要内容包括基础资料整理、基本情况分析、气藏特征分析、注采能力分析、库容动用特征分析、地质体动态密封性分析、注采运行影响因素分析、储气库设计关键指标评价等。

第一节　基础资料整理

储气库动态分析主要包括动态监测和动态分析两部分。采用各种测试手段和分析方法，准确获取反映储气库注采运行过程中动态变化的基础资料，并对各类资料进行整理是开展储气库动态分析的前提，没有齐全、准确的第一手资料，就无法开展动态分析。所以，在开展储气库动态分析前需根据各类静态、动态资料录取要求，做好各种基础资料的录取和整理工作。尤其储气库投产初期，仅有气藏开发、储气库新钻井静态地质资料以及投产试运行等少量动态资料，资料丰富程度及研究精度方面存在一定的局限性，因此，在储气库多周期注采运行的过程中，仍需要加强各类动态监测资料的录取工作，以保障动态分析的完整性和可靠性。基础资料的整理主要包括气藏开发动态资料、地质综合研究资料、建库方案设计资料、井工程及地面工程资料、储气库注采动态资料等。

一、地质资料

地质资料主要包括层位、储层参数、开发地质储量资料、圈闭要素资料、油气水分布资料、原始地层压力资料、动态分析所需各种图件及各类井的完井情况等。

（1）层位和储层参数（建库层位、储层厚度、有效厚度、渗透率、地层系数、油气层分布面积和延伸长度、油气层上下平面连通情况和空间展布形态等）。

（2）开发地质储量资料（探明储量、动态储量、剩余储量等）。

（3）圈闭要素资料（储层、盖层、断层性质及组合关系、溢出点等）。

（4）油气水分布资料。

（5）原始地层压力资料。

（6）动态分析所需各种图件：如井位构造图、油气层连通图、油气层平面分布图、油气藏剖面图、物性等值线图（有效厚度、有效渗透率、孔隙度等）、沉积相带图、地质综合图等。

（7）各类井的完井情况，如完井数据、射孔情况、工程作业记录、井身结构及固井质量评价资料等。

二、动态资料

动态资料主要包括气藏开发阶段生产运行数据、注采井和储气库产量数据、注采井压力资料、气油水分析化验资料、井产吸剖面测试资料、井注采能力稳定试井解释成果资料、井不稳定试井解释成果资料、井下作业资料、各类监测井资料、工程测井资料、排液井资料及各类实验分析资料等。

（1）气藏开发阶段生产运行数据，如产气量，产油量、产水量等。

（2）注采井和储气库产量数据，如注采气量，产油量、产水量等。

注采井采用计量分离器计量时，改变井口开度 24h 内计量，每次连续计量时间不少于 4h，带液采气井计量时间不少于 8h。

注采井采用单井流量计实时计量时，每 8h 录取一次注采气量，改变井口开度后录取调整量，带液井液量计量按采用计量分离器计量的流程操作。

（3）注采井压力资料，如油压、套压、静压、流压等。

未安装自动采集系统的注采井每天录取一次油压、套压和井口温度，安装自动采集系统的注采井每 8h 录取一次远传数值。注采井、排液井及回注井改变井口开度或生产异常时应加密录取井口压力和温度。

选择 30% 以上有代表性的注采井为定点测试井，注采平衡期进行一次静压、静温及梯度测试。注采平衡期非定点测试井在储气库在达容前至少每 2～3 周期测试一次，达容后至少每 3～5 周期测试一次。注采周期内，未生产的注采井至少进行一次静压、静温及梯度测试。

选择注采气量差异大的注采井为代表井，每注采周期至少各进行一次流压、流温及梯度测试。有代表性的产水井或井底积液井每采气周期至少测试两次流压、流温及梯度。

（4）气油水分析化验资料，如气常规物性及高压物性资料、油样分析资料、水质分析等。流体分析按照《油气藏流体物性分析方法：SY/T 5542—2009》执行。

（5）井产吸剖面测试资料。

储气库达容前，对于多产层或块状气藏改建的储气库，选择有代表性的注采井，每周期实施一次生产剖面测试，测试时应录取不同注采制度下各生产层段产出或吸入流体资料。

注采水平井建库初期宜有选择性地进行生产剖面测试，对于初期储产层关系不清，生产过程中出现异常及气井增产措施后，应录取产层剖面动态测井资料，主要录取层位井段、流量、流体性质、持水率、压力、温度、井眼直径。

（6）井注采能力稳定试井解释成果资料。

储气库达容前，选择不同储层渗流条件的注采井每注采周期各进行一次稳定试井。注采井井口油压或气量发生异常变化，或实施增产措施后，宜进行一次稳定试井。

（7）井不稳定试井解释成果资料（含干扰试井等特殊试井解释成果资料）。

未安装注采井井下监测仪器的储气库，在达容前选择有代表性井每注采周期末进行一次压力恢复或压力降落不稳定试井；注采井井口油压或注采气量发生异常变化，或实施增产措施后，宜进行一次不稳定试井。

（8）井下作业资料，包括施工名称及内容、主要措施参数、完井管柱结构等。

（9）各类监测井资料，如油套压、静压、油气水样资料等。

（10）工程测井资料，如固井质量监测，油管、封隔器、安全阀、井口装置等设备完整性，腐蚀监测等。

（11）排液井资料，排液方式、排液量、排液参数等。

（12）各类实验分析资料，如储盖层微观储渗、相渗透率以及气驱效率等测试资料。

当气藏型储气库投产运行一段时间后，伴随着扩容达产过程，周期注采方案编制逐步走向深入，各类矛盾和问题逐渐暴露。这个阶段，储气库静态、动态资料既是动态分析的基础，又是调整方案的依据。方案是否合理、科学直接依赖于资料的准确性和丰富程度，尤其是资料的内容和规范化要求。

① 静态、动态资料内容：包含静态地质和动态运行两方面，静态资料包含储层精细地质描述、地质基础图件，原始油气水分布、地层压力及地质储量等，还包括储气库重构地质研究成果及相应图件等；动态资料重点是储气库注采运行资料，如流体流量、分析化验，地层压力、产吸剖面、系统试井和不稳定试井、工程测井等资料。

② 资料规范化要求：规范化的图表既达到规范统一、清晰明了的目的，又能提高动态分析的效率和水平，实现动态分析的规范化、标准化。

第二节　基本情况分析

基本情况分析主要是对储气库概况、历史注采情况、库存情况，本周期注采气量完成情况、产油产水情况，动态监测完成情况等分析。

一、储气库概况

（一）储气库简介

储气库简介主要包括储气库地理位置、地面海拔、交通状况、地面条件，如地表为黄土地貌，沟谷发育，黄土塬、梁、峁纵横等。气藏原始参数包括气藏埋深、原始地层压力、气水界面海拔等。地质概况包括地层对比、构造落实、储层特征、沉积相、地质储量复算等。

（二）主要设计参数

建库初步设计方案主要设计参数包括储气库建库层位、运行方式、注采时间，注采井井距、井数及井网部署，监测井设计、监测目的及井数等，运行压力区间、库容量、垫气量、工作气量、注采井数、注采天数、平衡期、单井日注采气量等。

二、气藏开发简介及储气库现状

（一）气藏开发简介

结合气田开发历程，分阶段描述钻完井情况，油气资源储量分布及开发情况，气藏改建储气库时的采出程度和地层压力等。

（二）储气库现状

1. 目前运行情况

简述储气库建设历程及建设完成情况，包括建库投产时间、完钻井数、地面装置投运情况、在用设备设施、目前运行情况（投产井数、注采气量、地层压力、动态监测资料等）。

2. 工程新建情况

若储气库实施了改、扩建工程项目，依据工程实施方案，总体论述工程建设情况及下一步进度安排，包括工程实施方案要点、工程进度及资料录取、影响工程进度主要因素、下一步工程建设调整及进度安排等。

（1）工程进度及资料录取。钻完井数及新井钻完井主要参数、单井测井解释、系统试井和不稳定试井、试采情况、岩心分析等资料。

（2）影响工程进度主要因素。影响目前工程建设进度的主要问题，提出下一步解决措施。

（3）下一步工程建设调整及进度安排。根据影响因素，合理调整工程建设，提出下一步具体的进度计划。

三、储气库注采运行情况

（一）历史注采情况

多周期注采气量分析主要分析多周期注采气量变化情况以及影响注采气量的主要因素。

（二）本周期运行情况

利用储气库周期注采资料和动态监测资料分析本周期运行情况。

1. 本周期注采气量分析

分析本周期注采气量、单位压升注气量及单位压降采气量变化情况，以及影响注采气量的主要因素。

2. 采气阶段产油水量分析

分析单井及储气库本周期产油量和产水量变化情况，评价储气库边水侵入特征及其主要影响因素。

3. 动态监测资料分析

利用产吸剖面测试、圈闭密封性监测、流体分析化验及运移监测等资料，分析主要产吸层位、圈闭密封性及流体运移特征，评价其对储气库运行效果的影响（表 2–1）。

表 2–1 储气库动态监测资料统计表

类别	项目	监测目的
温压测试	静压及梯度	获取地层压力变化情况
	流压及梯度	获取注气流压及梯度
试井测试	不稳定试井	获取储层渗流参数变化
	系统试井	评价气井注气能力
流体分析	天然气全组分分析	分析气源组分
气水界面		获取储气库气水界面变化
密封性	盖层压力监测	获取盖层压力变化情况
	井工程监测	评价井口及井筒密封性
	微地震监测	评价储气库动态密封性

4. 实际运行指标与原设计对比

对比库容量、工作气量、注采调峰能力等主要技术指标，分析存在差异的主要原因。

第三节　气藏特征分析

气藏特征分析主要包括地质特征认识、连通性分析、流体分析、注采驱替效果分析和水体分析等。气藏改建储气库过程中，一般是在原井网的基础上重新设计注采井，而随着新井的钻探，对储气库储层的地质认识会更精细，需要开展储气库地质重构和精细研究工作。储气库气藏特征分析以建库前气藏地质认识为基础，明确储气库地质研究过程与原气藏地质研究存在的差异性，从而为后期达容、扩容、运行等工作的开展奠定良好的理论基础。

一、地质特征认识

根据新增加的地震资料、钻井资料、生产动态资料等，对圈闭类型、构造、断层分布及断层性质、地层及储层展布、盖层及隔夹层展布、流体分布等地质特征进行深化认识。

（一）地质重构的程序

原气藏地质研究在原始资料丰富程度、研究内容完整性、研究区域局限性以及研究精度方面存在一定的缺陷，导致储气库与气藏地质研究的原始资料（静态资料和动态资料）存在一定差异性，随着储气库的建设及生产运行，地质研究资料更加详实（图 2–1），需要结合新增加的地震资料、钻井资料、测井资料、测试资料和生产动态资料等，在气藏地质研究的基础上，对储气库进行高分辨率层序地层研究、精细构造研究、圈闭密封性评价、储层精细表征以及三维精细地质建模等方面的综合地质评价，从而深化对储气库的地质认识，指导储气库动态分析，实施扩容达产等工作。

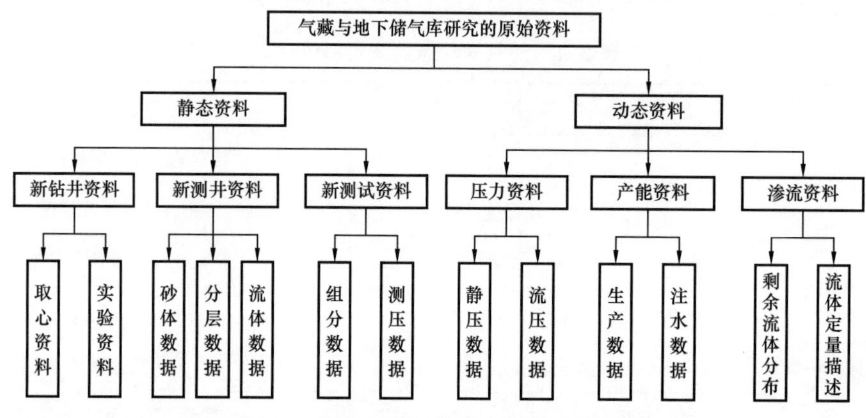

图 2–1　储气库与气藏研究的原始资料图

气藏型储气库地质重构研究的程序，包括五个步骤：（1）高分辨等时地层格架的建立或修正；（2）精细构造研究；（3）圈闭密封性评价；（4）储集层物性参数与流体分布规律评价；（5）建立综合一体化、三维可视化（圈闭）储集层地质模型。同时，规范了每一步骤的重点研究内容及关键技术，为精细气藏型储气库地质研究提供参考（图 2–2）。

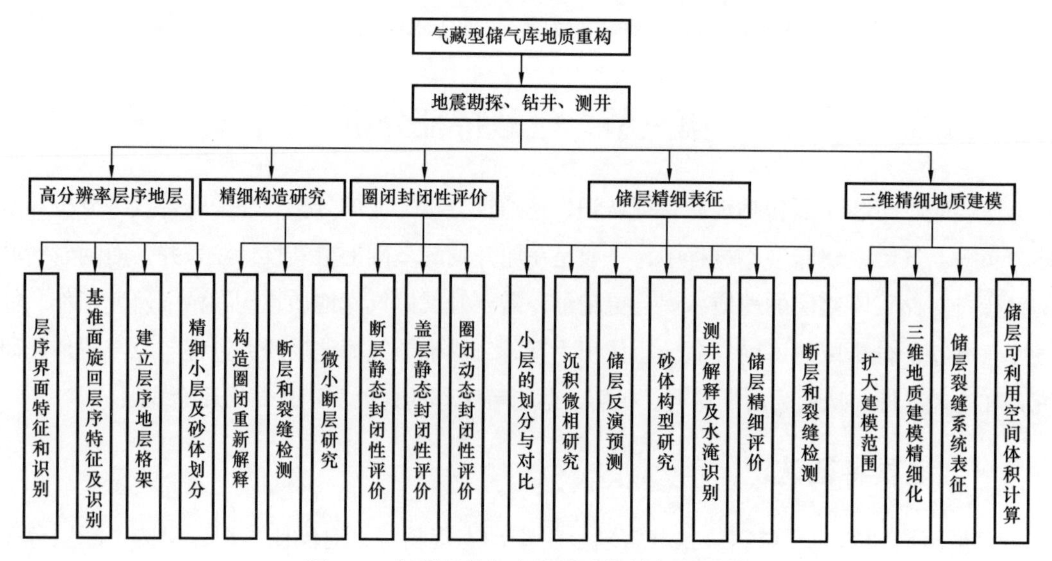

图 2–2　气藏型储气库地质重构研究流程图

气藏型储气库的地质重构是建立在地震勘探、钻井、测井研究基础上的，其主要内容包括五个方面：（1）高分辨层序地层研究；（2）精细构造研究；（3）圈闭密封性评价；（4）储层精细表征；（5）三维精细地质建模。其中高分辨层序地层研究是地质认识的基础，最终建立各层组和小层的高分辨率层序地层格架；精细构造研究是储气库建设的关键，重新解释构造圈闭，深入评价断层特征；圈闭密封性评价是储气库建库可行性的重要论证内容，采用静态、动态方法对储气库密封性做出全面准确的评价；储层精细表征结合储气库新钻井和气藏开发老井资料，再厘清地层分布格局，明确生、储、盖地层的空间展布规律及组合关系；三维精细地质建模是指能定量表示地下地质特征和各种储层（气藏）参数三维空间分布的数据体，可以直观表征构造、沉积、储层、流体等气藏属性。

（二）地质重构的技术方法

通过高分辨率层序地层识别、精细构造解释、圈闭密封性评价、储层精细表征及三维精细地质建模研究，深化储气库精细地质再认识，进一步评估储气库地质条件，提出主要地质风险及防控措施，为库容有效动用和注采运行优化提供地质基础。

1. 高分辨率层序地层识别技术

高分辨率层序地层识别技术主要根据钻井、露头、测井和高分辨率三维地震等资料，开展层序界面特征和识别、基准面旋回层序特征及识别、高分辨率层序地层格架的建立以及精细小层和砂体划分研究等，厘清地层分布格局，明确生、储、盖地层的空间展布规律及组合关系，提高储层预测精度，为地层内流体流动模拟提供可靠的岩石物理模型。

2. 精细构造解释技术

精细构造解释技术主要利用地震反射标准层和地层组合关系，精确描述储气库注采层顶、底面构造，达到卡准砂体、保证储气库注采调整井钻探成功率。采用多时窗相干分析配合断层立体组合技术精细描述各级断层，通过速度场分析提高构造描述精度，最大程度降低注采井地质风险。

3. 圈闭密封性评价技术

圈闭密封性评价技术主要包括断层封闭性、盖层封闭性及圈闭动态封闭性评价等。评价指标包括断层的性质、断距大小、断裂两侧岩性组合，盖层的岩性、厚度、沉积相，地层水水型、矿化度、水动力特征等因素。圈闭动态密封性评价一般采用物理模拟和数值模拟方法，结合储气库动态监测资料，开展多周期交变应力条件下盖层、断层封闭性研究，分析不同注采运行工况下圈闭密封性变化特征，同时也为储气库扩大运行压力区间、提高工作气量提供依据。

4. 储层精细表征技术

储层精细表征主要包括储层分布特征再认识、储层宏观物性特征及渗流特征再认识和储层微观结构再认识等。该技术主要利用新钻井资料，并结合老井资料，结合沉积微相分析、储层反演预测等，明确储层的空间展布规律；储层宏观物性特征及渗流特征再认识则要借助新井测井及测试资料，研究储层性质的变化特征，分析流体渗流对储层物性造成的影响；储层微观结构再认识主要利用新增化验分析资料，加深对储层存储空间的认识程度，从微观角度精细表征储层的存储及渗流能力。

5. 三维精细地质建模技术

三维精细地质建模主要包括构造及储层三维可视化、各种地质参数的计算分析，为储气库数值模拟及注采方案编制提供支撑。该技术主要以精细地质研究为基础，以相控建模思想为指导，定量表征地下地质特征和储层参数三维空间展布的数据体，直观表征构造、沉积、储层、流体等气藏属性，并通过三维空间运算，计算出地下含气储集体体积的变化特征。

二、连通性分析

连通性分析是在综合地质研究的基础上，结合注采动态资料和测试资料，确定气藏井间连通性、层间连通性，分析评价压力系统的分布。储气库储层连通性的好坏对注采运行过程中地层压力的均衡扩散十分重要。储层连通性差，注气期会造成地层局部憋压，注采平衡期地层压力无法均衡扩散，影响储气库注采运行及动态密封性，同时会因局部封闭气的形成造成注气损耗，无法充分发挥储气库注采调峰能力。

（一）试井分析法评价连通性

1. 干扰试井

选择包括一口激动井和一口（或若干口）与激动井相邻的观测井组成测试井组，通过改变激动井的工作制度，使地层中压力发生变化，然后利用高精度和高灵敏度压力计记录观察井中的压力变化，根据记录的压力变化资料确定地层的连通情况，若测试过程中观测井受到明显的干扰信号，表明储层平面连通性好。

2. 不稳定试井

对一口连续生产的气井开展不稳定试井，关井后观察复压测试曲线，若该井压力逐渐恢复后趋于平稳且没有降低，表明该井纵向上储层是连通的。

3. 温度、压力监测

利用储气库部署的常规温压监测井，通过在井筒内下入高精度存储式电子压力计，测取井底地层压力、温度变化，井筒内压力梯度、温度梯度等数据，并记录井口油压、套压数据，实时获取地层压力分布情况，掌握储气库压力变化动态及储层连通情况。若监测井压力变化趋势与注采井一致，未部署注采井区域与注采集中区域压力响应特征一致，表明地层压力扩散均匀，储层连通性好。

（二）数值模拟法评价连通性

与气藏开发常规数值模拟技术流程基本相同，储气库数值模拟技术流程仍然主要包括前期精细地质建模、地质模型粗化、数值模拟动态模型建立、气藏开发历史拟合、储气库多周期注采历史拟合、储气库多周期注采动态及运行指标数值模拟预测，如图 2–3 所示。

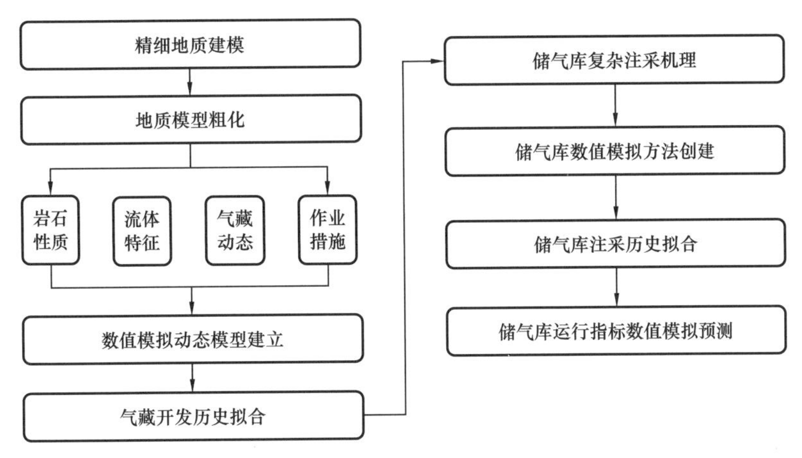

图 2-3　气藏型储气库注采仿真数值模拟总体技术流程图

1. 精细地质模型粗化

根据储层地质特征、气藏开发动态特别是水侵特征以及考虑改建储气库新钻井、注采运行方式等多因素，开展精细地质模型粗化，兼顾地质构造、属性和数值模拟网格数量，尤其是处于过渡带区域网格需要进行合理粗化，为后期储气库高速注采数值模拟反映气水（油）交互驱替奠定基础。

2. 气藏开发动态数值模拟模型建立

在模型粗化基础上，通过导入岩石系数、毛细管力曲线、相对渗透率曲线等岩石物理和流体压缩系数、密度、黏度（或其与压力的关系）等流体资料，气藏开发过程产气、水、油等动态资料，以及气藏开发过程各种工程作业措施如压裂、部分层段封堵等，初步建立气藏开发数值模拟动态模型。

3. 气藏开发数值模拟历史拟合

按照“先压力，后产水”原则，通过调整局部净毛比、渗透率、水体能量等不确定性参数，依次拟合储量、产量（气藏拟合产气量，油藏拟合产油量）、地层压力、单井静压、流压、井口压力和产水、气油比等。在有生产测井资料或气藏开发改建储气库前测试的产气（液）剖面，需要对这些特殊测试资料进行拟合，以准确刻画建库前地层流体三维分布特征，特别是地层非均质性对流体微观和宏观分布的影响。气藏开发末数值模拟历史拟合地层流体分布需要与精细地质建模刻画的建库前地层流体分布对比核实，为后续储气库数值模拟提供良好基础。

4. 储气库注采渗流机理及模拟方法建立

在开展储气库注采数值模拟历史拟合与预测之前，需要根据模拟研究气藏地质和开发特征，针对前述主要复杂注采机理，结合室内物理模拟实验，研究建立数值模拟方法，为储气库数值模拟历史拟合与预测奠定基础。

5. 储气库多周期注采数值模拟历史拟合

通过更加精细的地质研究、室内高速注采物理模拟实验和单井高速注采动态综合分析，不断修正气藏开发历史拟合所建立的动态模型，拟合实际发生的储气库高速注采动态，保证后期储气库运行指标数值模拟预测的可靠性。根据拟合修正后的数值模型，储气库注采运行过程中，结合生产动态数据每个月对气藏开展一次数值模拟，根据模拟后气藏含气饱和度和地层压力的区域分布情况，能够直观地反映出储层在平面上的连通情况以及库容动用情况，更好地指导储气库下一步注采运行，实现全区地层压力的均衡升降和库容的有效动用。

三、流体分析

流体分析主要分析注气期和采气期流体的分布特征及变化规律。

（一）影响流体组分变化的因素

储气库气质组分在注采过程中动态变化的影响因素较多。气藏成藏时受构造特征、储层非均质性、地温梯度及边底水等影响，气质组分分布具有差异性，后期进入储气库后，包括地质特征、驱动机制、开采历史以及后期运行参数等因素的交互作用，气质组分差异性变得更加复杂。由于储气库注采交替频繁，一个注采周期内地层压力及流体组分发生快速混合置换，这将对流体物性产生较大影响。随着干气注入和地层流体的采出交替循环，油气比随周期递增出现不同变化趋势，凝析油含量的复杂变化特征使地面运行参数控制难度增加，特别是冬季保供时压力、工况多变，气质组分变化复杂，难以为下游处理提供有效指导。

（二）流体取样的频次

定期对注采周期内各阶段流体进行取样化验，分析流体组分、含量变化规律及分布特征，对掌握储气库注采运行特征及规律具有指导意义，分析内容、要求及频次可参考以下标准。

（1）每采气周期选择有代表性的注采井每月至少进行一次油、气、水取样及分析，产水井加密录取。

（2）凝析气藏改建的储气库宜在建库第一、三、五采气周期中后期录取 PVT 流体样品。

（3）含酸性气体气藏改建的储气库，每采气周期选择有代表性的注采井，每月至少测试两次 H_2S 和 CO_2 含量。

（4）未配备注入气在线分析仪器的储气库，注气周期内至少每两个月对注入气进行一次取样及分析。

（三）流体分析的内容和方法

储气库注采过程中存在注入气与气藏原始置换、气水交互驱替和气油交互驱替的特征，因此在注采运行管理过程中应加强对流体的分析化验，为动态分析和注采调控提供支撑。

（1）天然气分析，主要包括天然气的组成分析（C_1～C_8、O_2、N_2、CO_2 等），相对密度、高位发热量和低位发热量等。

（2）原油分析，主要包括原油密度、酸值、凝固点、含蜡量、含水量和馏程数据等。

（3）水分析，主要包括 pH 值、水合物含量（碳酸根、镁离子、钙离子、碳酸氢根、硫酸盐等）、密度、水型等。

流体分析具体分析方法按照《油气藏流体物性分析方法：SY/T 5542—2009》执行。

四、注采驱替效果分析

根据储气库类型建议选择性分析注采过程中气水与气油交互驱替效率与变化规律、提高凝析油采收率的效果、酸性气体的替换效率，根据驱替效果分析库容变化规律。

（一）注采渗流机理研究

通过室内微观储渗、空间动用及三维宏观可视仿真模拟技术研发，评价注采过程中气水多相渗流特征、储层动用效率及气水运移等复杂注采机理。

1. 气水互驱渗流特征

通过岩心单次气水驱替相渗、多次气水互驱相渗实验，研究储气库多周期注采过程中气水过渡带渗流能力及两相流动区间的变化特征，分析气水过渡带孔隙空间利用效率。

2. 注采仿真物理模拟

开展地层条件下长岩心仿真注采物理模拟实验，计算长岩心库存指标、动用参数及注采驱替效率；分析地层条件下储气库多周期注采库容动用特征及动用效率；结合微观可视化渗流物理模拟，直观了解地层条件下储气库气水两相微观分布及渗流特征，并分析其主要影响因素。

3. 三维可视仿真数值模拟

紧密结合储气库多周期高速注采机理的复杂性和特殊性，开发储气库多相流体渗流内在控制方程、考虑因素和输入参数要求等相关方面的方法及功能，高精度拟合并预测关键运行指标，分析储气库气水宏观运动规律及主要运移方向。

（二）数值模拟法分析注采驱替效果

注气期在注气驱替压力作用下，注入气将驱替出部分侵入原始含气孔隙空间的地层水，而采气期气体在孔喉中的高速流动，也将携带和干燥液相，使细喉中的水膜由于强水湿作用向较大孔喉处聚集，随注采周期增加，逐渐释放被地层水占据的空间，由于可动含气孔隙体积增加，储气库注采气能力逐年提高，达到储气库扩容效果。

运用数值模拟技术，以注气驱替气水界面稳定运移、气体临界渗流速度和注气井控范围内地层吸气能力为约束，模拟水侵区及气水前缘的气水运移规律。天然气在注入压力的作用下逐渐进入气水过渡带，随着注入压力的不断提高，更多气体进入地层岩石孔隙中，较小的孔隙也逐渐被注入的天然气所占据，气体在注采过程中的干燥作用，使得地层水饱和度不断减小而含气饱和度逐渐增大，随着注采次数增加，含水饱和度呈下降趋势，而含气饱和度呈上升趋势，部分原来被侵入水体占据的孔隙被注入气占据，因此，根据地层水饱和度及含气饱和度的数值模拟结果，可得出多周期流体运移规律与注采驱替效果。

五、水体分析

水体分析主要分析产水指标、地层水水侵强度、累计水侵量等参数变化情况及产水原因，建议采用试井分析法、物质平衡法、数值模拟法等分析水体能量大小、气水前缘活动状况及气水界面变化规律。

储气库注采运行中都存在一定程度的水侵作用，水侵量因水体性质的不同而存在较大差异。水体能量的大小直接决定着水侵速度和水侵强度，若水体能量过大，地层水将快速向气层推进，出现“锥进”或“舌进”现象，甚至造成气井水淹，产能急剧下降。因此，研究气藏的水体能量及水侵规律对提高储气库运行效率、避免储气库因水侵造成库容损失和气井水淹意义重大。

（一）容积法估算水体

结合地质研究成果，依据气藏储层的沉积相，是否受储层物性和构造控制、砂体厚度、多周期气水界面变化情况等，利用容积法初步估算水体活跃程度及水体能量大小。

（二）生产指示曲线法判定水体能量大小

对于定容气藏而言，视地层压力 p/Z 与累计产气量 G_p 的生产指示曲线为线性关系；对于封闭气藏，气藏压力 $p_F=(p/Z)/(1-C_c\Delta p)$ 与累计产气量 G_p 的生产指示曲线为线性关系，其中 $C_c=(C_p+S_{wc}\times C_w)/(1-S_{wc})$；对于水驱气藏，气藏压力 $p_H=(p/Z)/(1-C_c\Delta p-\omega)$ 与累计产气量 G_p 的生产指示曲线为线性关系，其中 $\omega=W/(GG_{gi})$ 为气藏的存水体积系数，即气藏的存水量占气藏容积的体积分数。

根据上述理论方法，可作出各井或各气藏的压力 p_F 与累计产气量 G_p 的生产指示曲线，从而判断气田各单井或气藏的气藏类型，同时了解气藏各单井水体能量的大小。

从气藏的 $p/Z-G_p$ 关系曲线及所表示的意义可以认为，线性相关性越好，则单井控制的范围越满足定容封闭气藏的条件，同时可以近似认为线性相关性越好，气藏水体能量也就越小（图 2–4）。

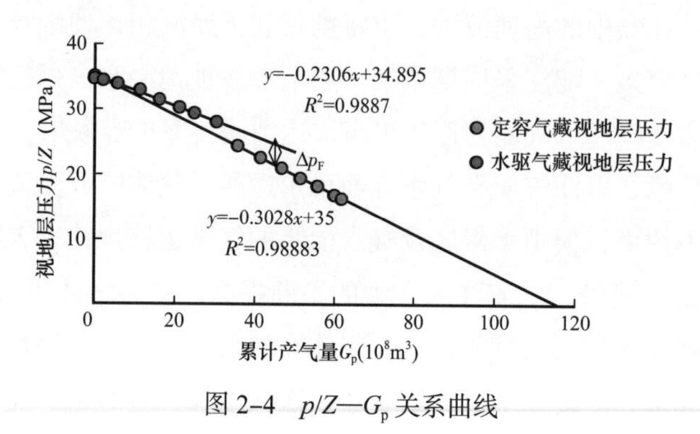

图 2–4　p/Z—G_p 关系曲线

（三）物质平衡法求取水体倍数

应用水驱气藏物质平衡方程求解地质储量和水体倍数，主要原理为水侵气藏被水侵所占据的气藏孔隙体积与剩余天然气所占的气藏孔隙体积之和，等于气藏原始含气孔隙体积量。

水驱常压气藏物质平衡方程可表示为

$$G_pB_g+W_pB_w=G\left(B_g-B_{gi}\right)+W_e+GB_{gi}\left(\frac{C_wS_{wi}+C_f}{1-S_{wi}}\right)\Delta p \tag{2-1}$$

两边同时除以 B_{gi}，$\frac{C_wS_{wi}+C_f}{1-S_{wi}}$ 用有效压缩系数 C_e 代替，可得

$$\frac{G_pB_g+W_pB_w}{GB_{gi}}=\frac{B_g}{B_{gi}}-1+\frac{W_e}{GB_{gi}}+C_e\Delta p \tag{2-2}$$

式中 B_g——压力 p 时的体积系数，m^3/m^3；

B_{gi}——压力 p_i 时的体积系数，m^3/m^3；

C_f、C_w——地层中岩石、地层束缚水压缩系数，$10^{-4}MPa$；

S_{wi}——束缚水饱和度；

G_p——累计采气量，10^8m^3；

G——地质储量，10^8m^3；

W_e——水侵量，10^4m^3；

W_p——气藏建库前累计产水量，m^3；

B_w——地层水压缩系数，1/MPa。

气体状态方程：

$$B_g=\frac{ZTp_o}{T_op} \tag{2-3}$$

$$B_{gi}=\frac{Z_iTp_o}{T_op_i} \tag{2-4}$$

式中 T_o——地面标准温度，K；

T——平均地层温度，K；

p_o——地面标准压力，MPa；

p_i——平均气藏的原始地层压力，MPa；

Z_i——原始气体压缩因子；

Z——压力 p 时的气体压缩因子。

将式（2-3）和式（2-4）代入式（2-2），整理得

$$\left(1-\frac{G_p}{G}\right)\frac{p_i/Z_i}{p/Z}=-\frac{W_e}{GB_{gi}}-C_e\Delta p+\frac{W_pB_w}{GB_{gi}}+1 \tag{2-5}$$

水侵量是水体在压力变化以后的体积变化量，可以表示为

$$W_e = V_{pw}\left(C_w + C_f\right)\Delta p \tag{2-6}$$

水体倍数为与气藏连通水体体积与气区孔隙体积之比，表示为

$$n = \frac{V_{pw}}{GB_{gi}/\left(1 - S_{wi}\right)} \tag{2-7}$$

将 W_e 和 n 代入式（2-5），得

$$\left(1 - \frac{G_p}{G}\right)\frac{p_i/Z_i}{p/Z} = -\left(n\frac{C_w + C_f}{1 - S_{wi}} + C_e\right)\Delta p + \frac{W_p B_w}{GB_{gi}} + 1 \tag{2-8}$$

将等式左边看作 Y，Δp 看作自变量 X，$\frac{W_p B_w}{GB_{gi}}$ 为截距，W_P 为 0 时，在纵轴上截距为 1 形成的形式。其中，与水体倍数有关的 $1 - n\frac{C_w + C_f}{1 - S_{wi}} + C_e$ 为斜率 k，由于水体能量有限，波及整个水体的时间很短，n 可以看作是一个与时间无关的常量；对于水体很大的气藏，水侵慢慢发生，在波及整个气藏、动用整个水体能量之前，n 应该是一个随时间不断增加的变量，在整个水体能量动用之后，n 值不变，计算结果见图 2-5。从图 2-5 可以看出，随着压力的下降，Y 值减小，斜率逐渐变化，最后基本呈一条直线，斜率不再变化，水体能量波及整个水体，水体不再变大，线性拟合这几个点，得到的斜率 k=−0.0127，代入公式 $k = 1 - n\frac{C_w + C_f}{1 - S_{wi}} + C_e$，可以计算得出水体倍数及对应的水侵量（图 2-5）。

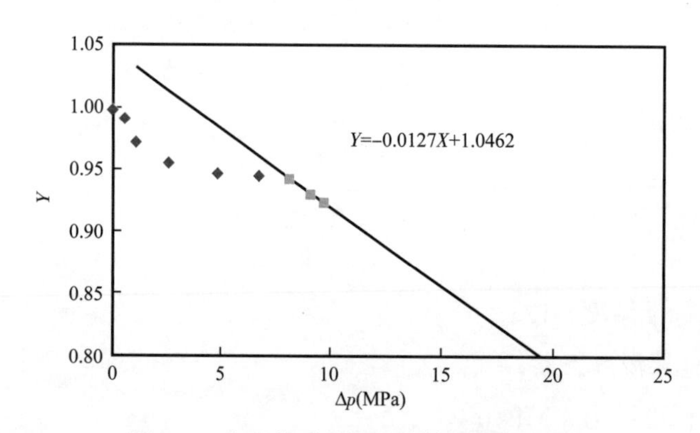

图 2-5　水驱物质平衡法水体倍数关系图

（四）数值模拟法分析水体能量

利用建立的气藏地质模型和数值模型，通过对气井、气藏及储气库生产运行及产液特征分析，模拟日产液量与实际日产液量拟合程度，在历史拟合的基础上，研究各周期高速注采下气水运动规律及水侵前缘的变化规律。

同时，利用示踪剂数值模拟技术可以确定注气前缘位置，对注入气进行标识，注入气

向地层扩散的同时，通过示踪剂浓度的变化能清楚识别注气前缘分布形态及变化趋势，对掌握注入气体的推进扩散及注气通道气水前缘的变化具有非常重要的意义。

第四节　注采能力分析

注采能力分析包括气井注采能力分析和储气库注采能力分析。气井的注采能力分析主要利用稳定试井、修正等时试井等资料确定二项式或指数式产能方程，对缺乏资料的井可采用一点法，分别建立单井注气能力和单井采气能力方程；储气库注采气能力分析主要采用物质平衡法、数值模拟法等方法，结合单井注采能力分析、库存量、运行上下限压力、地面管网及装置配套能力、市场供需等约束条件，综合确定满足储气库初步设计方案设计指标范围内的周期合理注采能力和日注采能力，可评价储气库在应急条件下的日注采能力。

一、气井注采能力分析

气井注采能力分析主要包括合理注采能力分析、注采能力变化趋势分析、产能分布特征分析和气井措施效果分析等内容。

（一）合理注采能力

为满足储气库强注、强采的需要，单井的注采气能力是综合考虑地层渗流能力和井筒流动能力的节点分析方法（图 2–6），利用节点分析方法评价气井合理注采气能力，可以最大限度发挥单井注采气能力，用以满足储气库注采运行需求。节点分析既要考虑气藏渗流条件，又要考虑地层可能出砂、水锥等因素影响，综合考虑地层流动、井筒管流、气体冲蚀、临界携液和地面处理装置能力等因素来确定储气库气井注采能力。常规确定合理产气量是先求出气体流入流出曲线协调点，再通过临界携液流量、冲蚀流量等限制条件对比后取合理值。

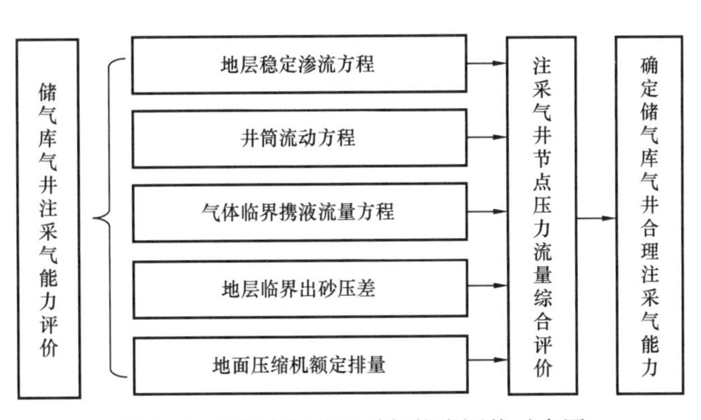

图 2–6　储气库气井注采气能力评价示意图

1. 影响气井注采气能力的因素

单井的日注采气能力取决于：（1）注采管柱尺寸及结构；（2）地层压力及井口压力；（3）临界携液流量；（4）井口冲蚀产量；（5）临界出砂流量；（6）地面压缩机额定功率。

临界携液流量是指在采气过程中，为使流入井底的水或凝析油及时地被采气气流携带到地面，避免井底积液，需要确定出连续排液的极限产量。冲蚀是指气体携带的CO_2、H_2S等酸性物质及固体颗粒对管体的磨损、破坏性较为严重，气体流动速度太高会对管柱造成冲蚀，但冲蚀一般不会发生在直管处，而发生在井口。临界出砂流量是指为了防止地层出砂，满足生产压差小于临界出砂压差的气体流量。另外，注气过程中最大注气量不应大于地面压缩机的额定排量。

2. 节点分析技术确定气井合理注采能力

单井的注采气能力由地层流入方程、垂直管流方程、临界携液流量方程、冲蚀流量方程和临界出砂流量方程共同确定。

1）地层流入方程

目前，储气库气井地层流入方程是通过对典型井开展系统试井，确定可靠的气井二项式产能方程，再利用一点法，结合稳定注采点，建立其余气井的地层流入方程：

$$a\left(p_{\mathrm{r}}^{2}-p_{\mathrm{wf}}^{2}\right)=A_{i}q_{\mathrm{g}}+B_{i}q_{\mathrm{g}}^{2} \tag{2-9}$$

式中 q_{g}——天然气产量，$10^4\mathrm{m^3/d}$；

p_{r}——地层压力，MPa；

p_{wf}——井底压力，MPa；

A_i——层流系数，MPa/（$10^4\mathrm{m^3/d}$）；

B_i——紊流系数，$\mathrm{MPa^2}$/（$10^8\mathrm{m^6/d}$）；

i——第 i 口井，井数 i=1，2，…；

a——注采系数，注气时取值为 –1，采气时取值为 1。

2）垂直管流方程

垂直管流方程主要描述气体流动过程沿管柱的阻力损失，常用数学模型为

$$p_{\mathrm{wf}}^{2}=p_{\mathrm{wh}}^{2}\mathrm{e}^{2s}+1.3243a\lambda q_{\mathrm{g}}^{2}T_{\mathrm{av}}^{2}Z_{\mathrm{av}}^{2}\left(\mathrm{e}^{2s}-1\right)/d^{5} \tag{2-10}$$

式中 $s=0.03415\gamma_{\mathrm{g}}D/\left(T_{\mathrm{av}}Z_{\mathrm{av}}\right)$；

p_{wf}——井底压力，MPa；

p_{wh}——油管井口压力，MPa；

q_{g}——天然气产量，$10^4\mathrm{m^3/d}$；

T_{av}——井筒内动气柱平均温度，K；

Z_{av}——井筒内动气柱平均压缩因子；

d——油管内直径，cm；

γ_{g}——天然气相对密度（空气取值为 1.0）；

D——气层中部深度，m；

λ——油管阻力系数。

式（2–10）中，由于 Z_{av} 是 T_{av} 和 p_{av}（井筒内动气柱平均压力）的函数，而 p_{av} 又取决

于 p_{wh} 及 p_{wf}，计算时需要反复迭代。

3）临界携液流量方程

临界携液流量即最小携液流量，临界携液产气量采用 Turner 公式，计算表达式为

$$q_{sc} = 2.5 \times 10^4 \frac{pV_g A}{ZT} \tag{2-11}$$

$$v_g = 1.25 \times \left[\frac{\sigma\left(\rho_L - \rho_g\right)}{{\rho_g}^2} \right]^{0.25} \tag{2-12}$$

$$\rho_g = 3.4844 \times 10^3 \gamma_g p_{wf} / \left(ZT\right) \tag{2-13}$$

式中 A——油管内截面积，$A=\pi d^2/4$，m^2；

v_g——气流携液临界速度，m/s；

ρ_L——液体密度，kg/m^3，水密度 ρ_W 取 $1074kg/m^3$，凝析油密度 ρ_o 取 $721kg/m^3$；

σ——界面张力，mN/m，水界面张力 σ 取 60mN/m，凝析油界面张力 σ 取 20mN/m。

4）冲蚀流量方程

当气井产气量过大时，会对管壁和井下工具产生冲蚀磨损，此时气体的临界流速称为冲蚀流速，对于储气库必须考虑将高压气体流速控制在冲蚀流速以下，以减少或避免冲蚀的发生。冲蚀流量将约束流出曲线的最大值，当节点分析最大产气量小于冲蚀流量时，以最大产气量作为合理产气量，当最大产气量大于冲蚀流量时，以冲蚀流量作为合理产气量。冲蚀流量主要依据 APIRP14E 推荐公式：

$$q_e = 3.3 \times 10^{-4} C d^2 \left(\frac{p_{wh}}{ZT\gamma_g} \right)^{0.5} \tag{2-14}$$

式中 q_e——冲蚀产气量，$10^4m^3/d$；

C——经验系数；

d——油管内直径，m；

p_{wh}——井口压力，MPa；

T——绝对温度，K；

Z——天然气压缩因子。

式（2-14）中，C 为经验值，可取 100～200，通常酸性气体含量低、含砂量低时可适当放大，对于耐腐蚀合金管柱，C 可取 200，常规管柱取 150。选取不同油管管径，计算最小携液流量、冲蚀流量随流压变化并绘制曲线（图 2-7、图 2-8）。从图 2-7 中可以看出，油管尺寸一定时，临界携液流量随流压增大而增大；流压一定时，临界携液流量随油管尺寸增大而增大。从图 2-8 中可以看出，油管尺寸一定时，冲蚀流量随井口压力增大而增大；井口压力一定时，冲蚀流量随油管尺寸增大而增大。

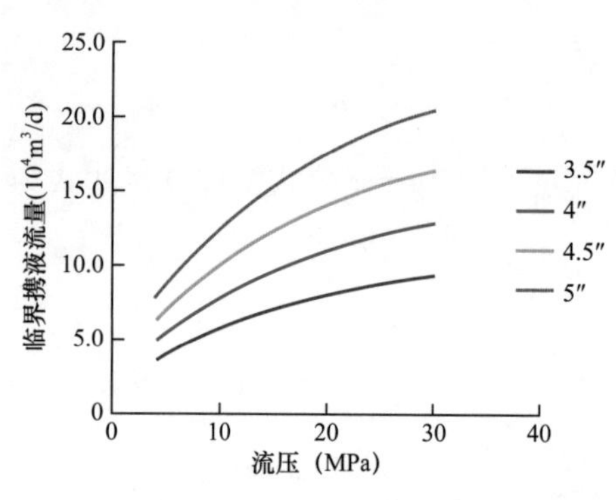

图 2-7　不同油管尺寸下临界携液流量曲线

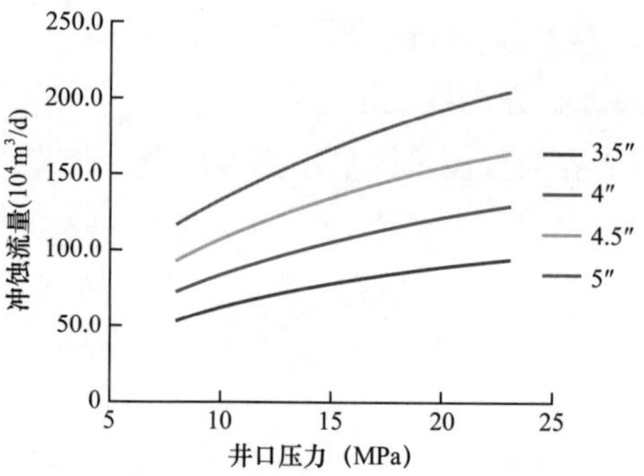

图 2-8　不同油管尺寸下冲蚀流量曲线

5）临界出砂流量方程

$$q_{\text{ginj}} \leqslant \frac{KK_{\text{rg}} / \mu_{\text{g}} A\phi\left(\rho_{\text{w}}-\rho_{\text{g}}\right) g \sin \alpha}{\left(M_{\text{inj}}-1\right) B_{\text{g}}} \tag{2-15}$$

式中　q_{ginj}——临界注气量，$10^4\text{m}^3/\text{d}$；

K——绝对渗透率，mD；

K_{rg}——气相相对渗透率；

μ_{g}——天然气黏度，mPa·s；

ρ_{w}——地层水密度，g/cm^3；

ρ_{g}——天然气密度，g/cm^3；

M_{inj}——气水流度比；

B_{g}——天然气体积系数；

g——重力加速度，9.8m/s^2；

α——地层倾角，(°)；

6）确定合理采气量

采气过程将井底视为节点，流入方程由气体从地层流向井底的过程确定，流出方程由气体从井底流向井口的过程确定，并以气井最低携液量、管柱冲蚀流量以及井口最低油压为约束条件，评价了气井合理采气能力。同时满足地层流入方程、流出方程下的产气量定义为最大产气量 $q_{\max}$，合理产气量 q_{o} 应大于临界携液流量 q_{sc}，小于冲蚀流量 q_{e}，当最大产气量小于临界携液流量时，合理产气量取临界携液流量；当最大产气量大于冲蚀流量时，合理产气量取冲蚀流量。利用式（2-16），求解不同井口压力、地层压力和油管尺寸下的合理产气量（图 2-9）。

$$\text{s.t.}\begin{cases} p_{\text{r}(i)}{}^2 - p_{\text{wf}(i)}{}^2 = Aq_{\text{g}(i)} + Bq_{\text{g}(i)}{}^2 \\ p_{\text{wf}}{}^2 = p_{\text{wh}}{}^2 \text{e}^{2s} + 1.3243\lambda q_{\text{g}}{}^2 T_{\text{av}}{}^2 Z_{\text{av}}{}^2 \left(\text{e}^{2s}-1\right)/d^5 \\ \Delta\left(p_{\text{r}(i)} - p_{\text{wf}(i)}\right) \leqslant \Delta p_{\max(i)} \\ q_{\text{o}(i)} \geqslant q_{\text{sc}(i)} \\ q_{\text{o}(i)} \leqslant q_{\text{e}(i)} \end{cases} \tag{2-16}$$

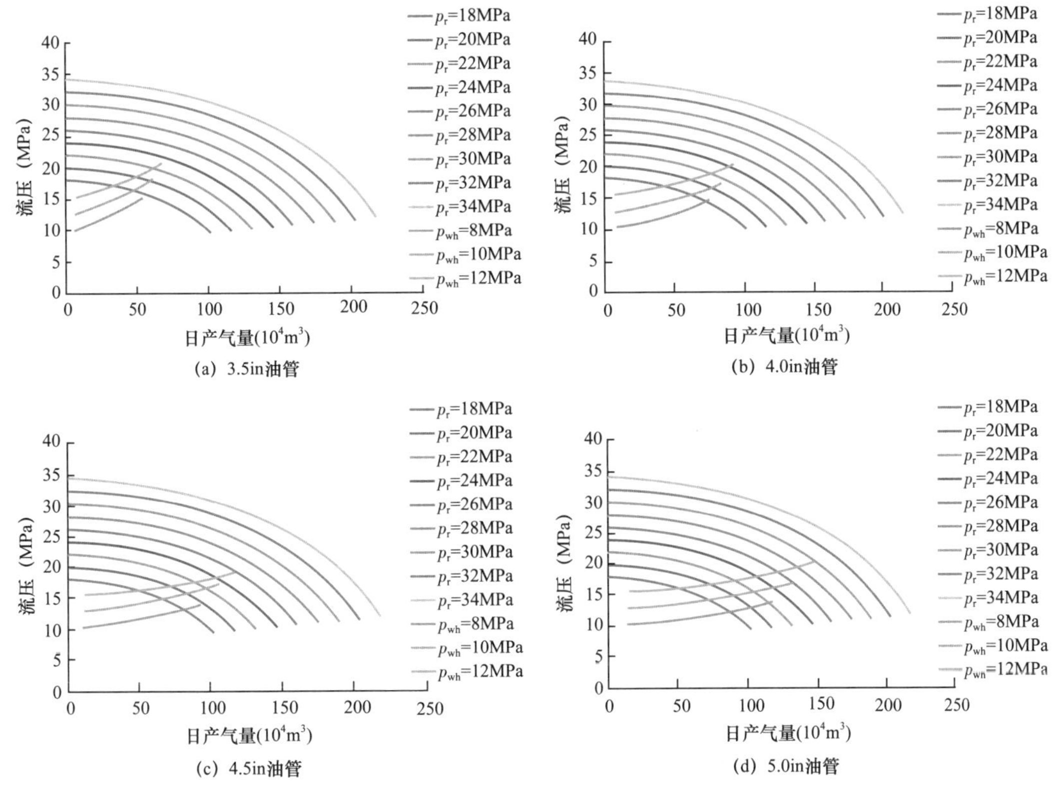

图 2-9　不同管径油管的注气节点分析图

受临界出砂压差、临界携液流量和冲蚀流量的影响，以井底为节点的流入流出动态曲线范围有一定程度的缩小，其中流入流出曲线的交点即为一定油管尺寸、井口压力和地层压力条件下的合理产气量。若流出曲线右端没有交点，说明最大产气量大于冲蚀流量，应以冲蚀流量作为合理产气量；若流出曲线左端没有交点，则说明最大产气量小于临界携液流量，应以临界携液流量作为合理产气量。

7）确定合理注气量

注气能力的计算方法，大小取决于注采管柱尺寸及结构、地层压力、井口注气压力和冲蚀产量。注气时，流量也应限制在冲蚀流量以下，防止发生冲蚀破坏。在储气库气井高速强注过程中，受注气时率短、储层物性及非均质性等因素影响，气井注气井控半径相对气藏开发要小，因此在单井注气节点压力分析的基础上，还需要进一步考虑高速流下注气井的控制半径，最后还要考虑在注气过程中气水前缘的突进速度，防止注入气产生指进现象，降低气驱效率。单井的注气能力由地层流入方程、垂直管流方程和冲蚀流量计算公式共同确定。假设地层注气能力和采气能力相等，根据采气井流入流出动态方程，可得到注气时单井的地层流入方程。

确定合理注气量时，注气井井口压力不得高于地面压缩机额定功率下的压力，井筒在高注入量下不发生冲蚀效应，井底流压高于地层压力且小于地层破裂压力。与确定合理采气量类似，只是将整个注气过程视为采气的逆向流动，但注气过程不受临界携液流量、临界出砂压差的限制，流入流出曲线只需考虑冲蚀流量、地面压缩机额定排量和不稳定流临界速度的影响。利用式（2–17），求解不同井口压力、地层压力和油管尺寸下的合理注气量（图 2–10）。

$$
\text{s.t.}\begin{cases}
{p_{\mathrm{wf}(i)}}^2 - {p_{\mathrm{r}(i)}}^2 = Aq_{\mathrm{g}(i)} + B{q_{\mathrm{g}(i)}}^2 \\
{p_{\mathrm{wf}}}^2 = {p_{\mathrm{wh}}}^2 \mathrm{e}^{2s} - 1.3243\lambda {q_{\mathrm{g}}}^2 {T_{\mathrm{av}}}^2 {Z_{\mathrm{av}}}^2 \left(\mathrm{e}^{2s} - 1\right) / d^5 \\
q_{\mathrm{o}(i)} \leqslant q_{\mathrm{e}(i)} \\
q_{\mathrm{o}(i)} \leqslant q_{\mathrm{inc}(i)} \\
q_{\mathrm{o}(i)} \leqslant q_{\mathrm{c}(i)}
\end{cases} \tag{2–17}
$$

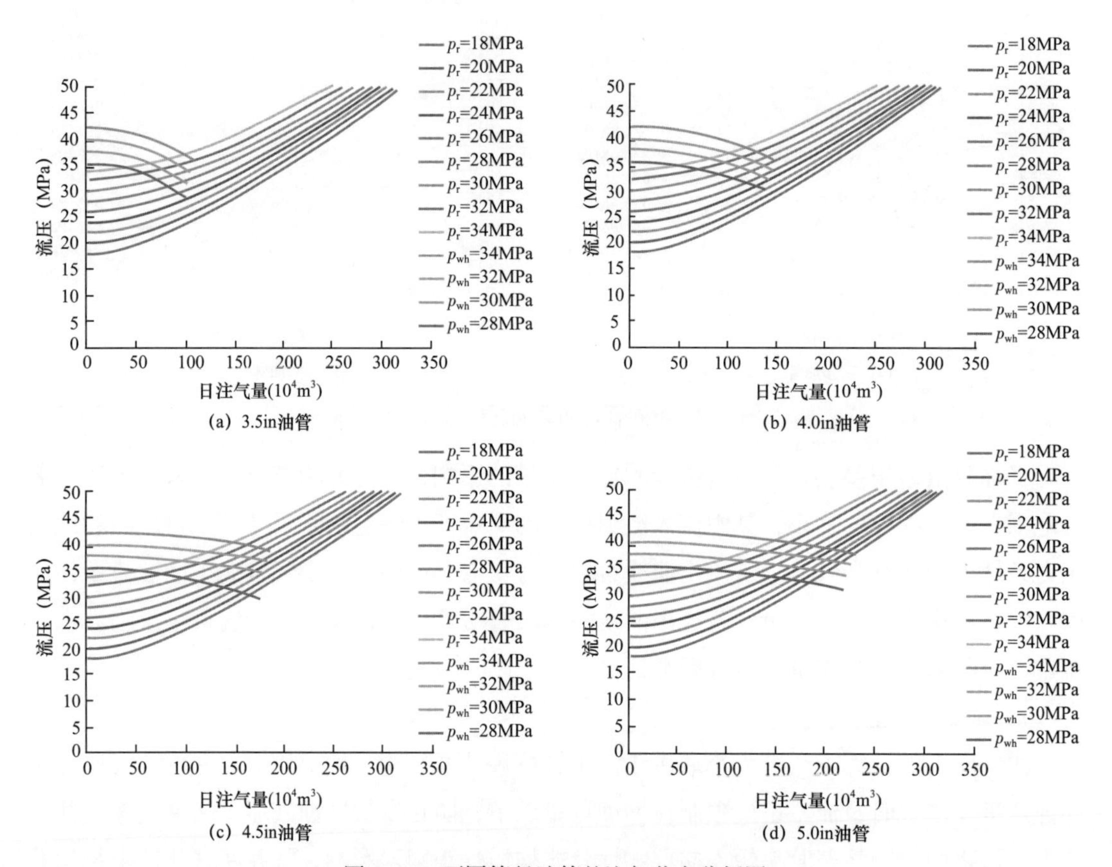

图 2–10　不同管径油管的注气节点分析图

受冲蚀流量地面压缩机额定功率的影响，以井底为节点的流入流出动态曲线范围有一定程度的缩小，其中流入流出曲线的交点即为一定油管尺寸、井口压力和地层压力条件下的合理注气量。若流入右端没有交点，说明最大注气量大于冲蚀流量，应以冲蚀流量作为合理注气量，可以看出，随着油管尺寸和井口压力的下降，气体逐渐摆脱冲蚀流量的影响，致使协调点的范围逐渐扩大。

（二）注采能力变化趋势

根据气井不同层位、不同区域和产能大小，选择桩子井在每个注采周期的初期开展系统试井，获取注采气产能方程，再利用一点法建立其余注采井的二项式产能方程，根据气井注采能力评价分析结果，结合气井注采动态和不稳定试井解释成果，对比不同注采周期气井注气能力和采气能力方程中层流系数 A 与紊流系数 B 的变化情况，储层渗透率、表皮系数等储层渗流参数的变化情况，分析引起注采能力变化的主要影响因素，预测注采能力的变化趋势。

（三）产能分布特征

利用注采井分层试气或生产测试资料，结合储气库构造、储层、流体分布、流体性质与注采井分布对应关系，分析注采井产能在平面、层内及层间的分布特征，划分储气库产气和吸气能力的不同单元，评价影响产能的主要因素，为储气库注采对策制订和精细注采管理提供依据。

1. 试井分析

对不同层位、不同区域的注采井在注采运行过程中及平衡期定期开展温压监测、系统试井和不稳定试井，掌握注采井地层压力和产能变化情况，分析注采井产能在平面、层内及层间的分布特征。

2. 产吸剖面分析

每周期选择部分重点注采井进行产吸剖面监测，绘制各注采井单砂体纵向上的产气和产液剖面，分析主力产气层位和主要产液层位，分析不同时间测得的产吸剖面，准确了解各单砂体产气和产液剖面变化情况，评价影响产能的主要因素，制订相应措施以获得较好的运行效果。

（四）措施效果

分析酸化、压裂等措施前后注采能力变化情况，以及措施对水侵状况、井筒完整性和地质体动态密封性的影响。

目前国内投入运行的储气库大多是由衰竭气藏改建而成，在建库时地层压力系数较低，在开发过程中部分区域受到地层水侵入，同时钻井过程中储层受到不同程度的污染，导致气井注采能力低于方案设计，多周期注采吞吐后，储层污染得到一定程度的降低，气井注采能力得到恢复，但仍会有部分井注采能力无法达到设计方案要求，因此，需对未达到方案设计的注采井开展酸化、压裂等措施，改善储层渗流条件，以提升气井的注采气能力，实施措施后需及时对措施井效果进行分析。

1. 生产动态分析

生产动态分析主要是分析对比措施前后注采气量及产油产水的变化情况，分析实施措施后气井新增产量及稳产能力。

2. 动态监测资料分析

对需要开展措施的注采井在实施措施前后分别开展不稳定试井，获取表皮系数、渗透率等储层参数，对比措施前后储层参数变化情况，无阻流量变化情况，分析措施效果。对实施措施后出现套管异常带压的井，还可通过开展电磁探伤、多臂井径测试等工程测井分析井筒完整性。

二、储气库注采能力分析

（一）物质平衡法

储气库周期注采速度较快，在考虑气井注采能力的同时，必须结合储气库的储集能力，以实现注采气量的合理配置。根据建立的储气库库容预测模型，结合地层压力分布特征，评价储气库库容和周期注采气能力。

基于气藏型地下储气库多周期注采运行规律，根据库容参数评价方法，建立储气库多周期运行库容、动用区剩余储集能力及工作气量评价数学模型。

利用物质平衡法，计算气库可动用库存量表达式如下：

$$G_{\mathrm{rm}(i-1)}=\frac{(-1)^i Q_{(i)}}{(p/Z)_{i-1}-(p/Z)_i}(p/Z)_{i-1} \tag{2-18}$$

式中　$Q_{(i)}$——第 i 周期注（采）气量，$10^8\mathrm{m}^3$。

结合气体 PVT 状态方程，则可计算储气库可动地下含气孔隙体积：

$$V_{\mathrm{m}(i)}=\frac{p_{\mathrm{sc}}T_{i-1}}{T_{\mathrm{sc}}}\frac{G_{\mathrm{rm}(i-1)}}{(p/Z)_{i-1}} \tag{2-19}$$

动用区剩余储集能力：

$$G_{\text{储集能力}}=\frac{V_{\mathrm{m}(i)}p_{\max}}{3.458Z_{\max}T_i}-G_{\mathrm{rm}(i-1)}+(-1)^i Q_i \tag{2-20}$$

动用区形成工作气量：

$$G_{\text{工作气量}}=G_{\mathrm{rm}(i-1)}+(-1)^i Q_i-\frac{V_{\mathrm{m}(i)}p_{\max}}{3.458Z_{\max}T_i}G_{\mathrm{rm}(i-1)} \tag{2-21}$$

注采期受注采扩散速度和利用井点限制，无法确保动用区域地层压力均衡变化。引入物质平衡拟时间，结合不稳定分析法拟稳态流动段拟合计算井控半径。结合单井注采影响半径、储集层发育厚度、孔隙度和含气饱和度，则可求取单井控制区域内的地层压力和周期累计注采气量，从而确定投运井网控制区域内的周期剩余储集能力和工作气量：

$$G_{\mathrm{injmax}(i)}=\sum_{j=1}^{n}G_{\mathrm{injmax}(j)}=\sum_{j=1}^{n}\frac{p_{\max}V_{j(i)}T_{\mathrm{sc}}}{p_{\mathrm{sc}}Z_{j(i)}T_{j(i)}}-G_{\mathrm{rm}j(i)} \tag{2-22}$$

$$G_{\mathrm{pmax}(i)}=\sum_{j=1}^{n}G_{\mathrm{pmax}(j)}=G_{\mathrm{rm}j(i)}-\sum_{j=1}^{n}\frac{p_{\min}V_{j(i)}T_{\mathrm{sc}}}{p_{\mathrm{sc}}Z_{j(i)}T_{j(i)}} \tag{2-23}$$

注气期限制储气库注气能力的因素除了地层压力、单井最大注气能力和储气库剩余储集能力之外，还有地面压缩机出口的最大压力。另一方面，实际注气运行过程中，考虑到储气库安全稳定运行，还必须要考虑以下三个注气限制条件：一是考虑断层及盖层稳定性，断层附近井的注入速度不宜过高；二是为了防止注入气在边底水中的窜流损失，需要控制构造边底部井的注入速度；三是防止注入压差过大造成储层岩石发生破坏而出砂。鉴于以上限制因素，最终计算得到不同地层压力下储气库的最大注气量。

（二）数值模拟预测法

为进一步评价储气库注采能力，并为后期指导储气库合理注采提供依据，采用地质建模及数值模拟技术，实现储气库注采过程中储层压力、日注采气能力等参数的预测。结合生产数据、动态监测资料及气水界面变化规律建立三维地质模型及数值模拟模型，在历史拟合基础上，结合动静态资料研究认识总结储气库达容规律，实现注采动态参数预测，落实储气库最大注采气能力。

1. 地质模型的建立

气藏地质模型的建立是数值模拟的基础，正确的数值模拟必须建立在真实地质模型的基础之上。在地层及构造特征、储层特征、气水层分布规律认识基础上，结合原气田及储气库的生产动态特征，建立精细构造模型、岩性模型、属性模型（孔隙度、渗透率及饱和度模型）以及流体模型，最终建立三维地质模型。

2. 数值模拟模型的建立

在储气库三维地质模型基础上建立数值模拟模型，采用组分模型的方式开展数值模拟研究工作，依据含气面积、厚度、井数优化设计数模网格，平面网格、垂向网格的单元划分应与地质分层一致。

3. 地质储量拟合

调整孔隙度、有效厚度及毛细管力等参数，按照储量计算单元分别拟合地质储量，使拟合的储量与容积法计算的储量吻合，与计算地质储量拟合误差≤5%。

根据《石油天然气储量计算规范：DZ/T 0217—2005》要求，依据容积法计算地质储量，凝析气藏地质储量计算公式为

$$G_c=0.01A_g h\phi S_{gi}/B_{gi} \tag{2-24}$$

凝析气藏天然气和凝析油地质储量计算公式为

$$G_d=G_c f_d \tag{2-25}$$

$$N_c=0.01G_c\sigma \tag{2-26}$$

$$N_{cz}=N_c\rho_c \tag{2-27}$$

$$f_d=G_{OR}/(G_{Ec}+G_{OR}) \tag{2-28}$$

式中　G_c——凝析气藏凝析气总地质储量，10^8m^3；

A_g——含气面积，km^2；

h——平均有效厚度，m；

ϕ——平均有效孔隙度；

S_{gi}——原始含气饱和度；

B_{gi}——原始凝析气体积系数；

G_d——干气地质储量，10^8m^3；

f_d——凝析气藏干气摩尔分数；

N_c——凝析油地质储量，10^4m^3；

σ——凝析油含量，cm^3/m^3；

N_{cz}——凝析油地质储量，10^4t；

ρ_c——凝析油密度，t/m^3；

G_{OR}——凝析气油比，m^3/m^3；

G_{Ec}——凝析油的气体当量体积，m^3/m^3。

4. 气田生产动态历史拟合

结合测井、动态监测结果及气井的生产情况，以月为拟合单位对全区及单井生产历史（产水量、产油量、油压、地层压力等）进行精细拟合。

5. 储气库生产动态历史拟合

在气田生产历史拟合基础上，同样以月为拟合单位对全区及单井的多周期注采运行历史（注入和采出气量、产水量、产油量、油压、地层压力、饱和度等）进行精细拟合。

通过数值模拟和储气库注采动态特征研究，分析和总结各周期注采特征及达容规律，利用数值模拟结果合理优化注（采）气参数，同时结合历史拟合模型，对未来周期注（采）气量及平面地层压力变化情况进行预测，有效指导注（采）气方案编制，进行方案优选，确保储气库科学高效运行。

第五节 库容动用特征分析

库容动用特征分析是储气库动态分析的重要内容之一，分析水平和质量对储气库安全高效运行至关重要，对储气库扩容达产也具有重要的指导作用。库容动用特征分析主要包括库存量分析、井控库存量分析、储气库有效库存量分析等，库存量是决定储气库注气期注气能力和采气期调峰能力的基础，也是指导储气库周期注采方案编制和注采运行管理的主要依据，注采井井控库存量和储气库有效库存量是分析储气库库容动用效率的主要技术指标，是指导储气库达容达产、优化调整的主要依据。

储气库多周期运行库容动用特征分析，实际上是对储气库库存量、库容量、工作气量及垫气量等主要库存技术指标进行系统、全程跟踪评价，它是储气库运行规律研究、漏失分析，以及进一步提高储气库运行效率、降低成本的关键环节。

一、库存量分析

库存量是储气库在某地层压力下储存的天然气量在标准参比条件下的体积。根据储气库多周期注采运行资料计算库存量，利用库存特征曲线，分析多周期扩容特征。

由气藏改建的储气库，建库前地层中有剩余天然气，而且储气库具有注入和采出过程，因此其库存量为建库前剩余天然气地质储量减去采气周期累采天然气体积，再加上注气周期累注干气体积，计算方法见式（2–29）：

$$G_{\mathrm{r}}=G-G_{\mathrm{p}}+\sum_{i=1}^{n}Q_{\mathrm{in}(i)}-\sum_{i=1}^{n}Q_{\mathrm{p}(i)} \tag{2–29}$$

式中 G_{r}——储气库某一时间点对应的库存量，$10^8\mathrm{m}^3$；

G——气藏动态储量，$10^8\mathrm{m}^3$；

G_{p}——建库前剩余天然气地质储量，$10^8\mathrm{m}^3$；

n——储气库注采的总周期数；

$Q_{\mathrm{in}(i)}$——储气库第 i 阶段注气量，$10^8\mathrm{m}^3$；

$Q_{\mathrm{p}(i)}$——储气库第 i 阶段采气量，$10^8\mathrm{m}^3$。

相比较气藏开发阶段剩余可采储量的单向递减，气藏型储气库多周期扩容过程具有较明显的规律性。总体来说，气藏型储气库要经历三个阶段，即快速扩容期、稳定扩容期和扩容停滞期（图 2–11），各阶段运行机理及扩容特征具有显著差异。

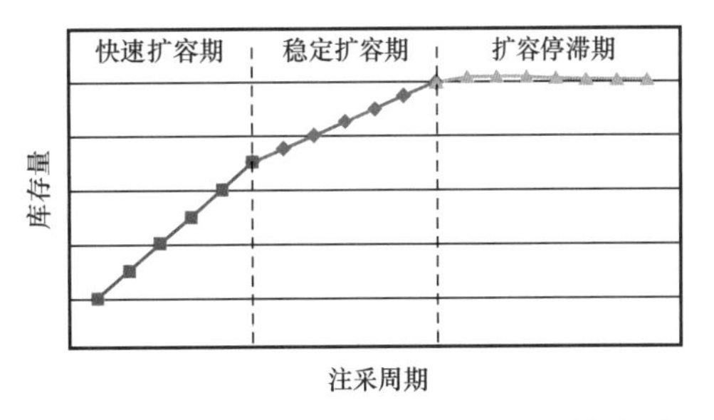

图 2–11　气藏型储气库扩容达产阶段模式图

（一）快速扩容期

快速扩容一般发生在扩容达产阶段，在注气压差作用下，气体沿优势孔道突进，或沿储层相对发育带向最大压力梯度方向快速指进，气水前缘推进迅速，井网控制范围内气驱范围大、驱扫效率高，技术指标如库容量和动用孔隙体积等增长快、增幅大。

（二）稳定扩容期

稳定扩容一般发生在稳定运行阶段，相比快速扩容期，气水前缘推进速度减慢，但井网控制范围内气驱波及效果进一步改善，仍以气驱扩容为主，可动含气孔隙体积稳定提高，主要技术指标表现为减速递增的扩容趋势。

（三）扩容停滞期

在扩容停滞期，气水前缘推进基本终止，井网控制范围内含气饱和度变化不大，储气库从气驱扩容转变为以排液扩容为主，扩容速度慢、扩容效率低，主要技术指标基本不变，储气库进入稳定注采模式。

二、井控库存量分析

井控库存量是储气库注采井在注气或采气期内，井控半径范围内能够有效动用的库存量。一般采用数值模拟法、物质平衡法和产量递减分析法等，计算各单井、储气库井控含气孔隙体积和井控库存量。

（一）数值模拟法

在运行压力区间确定基础上，通过与室内物理模拟相结合，分区分带计算含气孔隙空间和动用效率，最终确定储气库高速注采条件下的有效库容。在此基础上，结合井注采气能力、注采井型和井数，数值模拟优化确定井控库存量。

特别需要指出的是，储气库作为季节调峰和应急采气的储备设施，其注采运行受市场用气需求、管网安全和事故应急等多种不确定因素影响，注采作业转换频繁，运行工况非常复杂。井间压力干扰、井筒流动能力、单井与地面管网输送能力及压缩机工况等均对储气库注采气能力和库容动用具有非常重要的影响。因此，储气库运行指标数值模拟预测中需要开展“气藏—井筒—地面”一体化模拟，充分考虑井筒和地面约束对储气库注采运行的影响。

（二）物质平衡法

1. 假定条件

（1）研究对象为弱—中等水侵气藏型储气库。

（2）忽略岩石和束缚水弹性膨胀作用的影响。

（3）每一个注采周期内视为定容封闭气藏型储气库，但不同注采周期的含气孔隙空间会发生变化。

（4）忽略注采过程中天然气向油环的相扩散。

2. 计算模型

根据以上假定条件，弱—中等水侵砂岩气藏型储气库物质平衡关系可表示为式（2–30）：

$$G_{\mathrm{rm}}B_{\mathrm{gin}}=\left(G_{\mathrm{rm}}-Q_{\mathrm{p}}\right)B_{\mathrm{g}} \tag{2–30}$$

根据天然气体积系数的定义得

$$B_{\mathrm{gin}}=\frac{Z_{\mathrm{in}}T}{p_{\mathrm{in}}}\frac{p_{\mathrm{sc}}}{T_{\mathrm{sc}}}B_{\mathrm{g}}=\frac{ZT}{p}\frac{p_{\mathrm{sc}}}{T_{\mathrm{sc}}} \tag{2–31}$$

将式（2–31）代入式（2–32）可得井控库存量数学表达式为

$$G_{\mathrm{rm}}=\frac{Q_{\mathrm{p}}}{p_{\mathrm{in}}/Z_{\mathrm{in}}-p/Z}\left(p_{\mathrm{in}}/Z_{\mathrm{in}}\right) \tag{2–32}$$

式（2–32）中压缩因子采用混合流体物性参数方法计算，可参考《天然气压缩因子的计算：GB/T 17747》，其中采气期混合流体密度由式（2–33）确定：

$$r_{\mathrm{g}}=\frac{G_{\mathrm{rm}}r_{\mathrm{in}}-Q_{\mathrm{p}}r_{\mathrm{p}}}{G_{\mathrm{rm}}-Q_{\mathrm{p}}} \tag{2–33}$$

式中 G_{rm}——储气库某一时间点对应的库存量，$10^8\mathrm{m}^3$；

B_{g}——注气期末天然气的体积系数；

B_{gin}——注气期末天然气的体积系数；

Q_{p}——采气量，$10^8\mathrm{m}^3$；

p——采气期末地层压力，MPa；

p_{in}——注气期末地层压力，MPa；

p_{sc}——标准状况下的压力，MPa；

Z——采气期末天然气的压缩因子；

Z_{in}——注气期末天然气的压缩因子；

T——温度，℃；

T_{sc}——标准状况下的温度，℃；

r_{g}——采出混合流体的相对密度；

r_{in}——注入气的相对密度；

r_{p}——采出气的相对密度。

（三）产量递减分析法

在生产制度固定的衰竭式开采条件下，储气库注采井及气藏的产量自然递减类型可以分为指数递减、调和递减和双曲递减三种递减方式。

指数递减：

$$Q=Q_{\mathrm{i}}\mathrm{e}^{-D} \tag{2–34}$$

调和递减：

$$Q=\frac{Q_{\mathrm{i}}}{1+D_1t}t \tag{2–35}$$

双曲递减：

$$Q=Q_{\mathrm{i}}\left(1+\frac{D_2}{n_2}\right)^{-n_2} \tag{2–36}$$

式中 Q——递减期某一时刻的产量，分析气藏产量递减规律时用气藏产量，分析气井产量递减规律时用气井产量，$10^4\mathrm{m}^3/\mathrm{d}$；

Q_{i}——递减初期产量，分析气藏产量递减规律时用气藏产量，分析气井产量递减规律时用气井产量，$10^4\mathrm{m}^3/\mathrm{d}$；

t——递减时间，d；

D——指数递减系数，单位为时间单位的倒数；

D_1——调和递减系数，单位为时间单位的倒数；

D_2——双曲递减系数，单位为时间单位的倒数；

n_2——双曲递减指数。

利用式（2–34）至式（2–36），对实际数据作最优化拟合分析，优选拟合程度最好的为储气库注采井或气藏的产能递减规律，然后再根据所对应递减规律的公式及拟合分析所确定的公式参数，预测任意时刻的注采气量和井控库存量。

三、有效库存量分析

有效库存量是储气库在现有注采井网条件下能够动用的天然气量在标准参比条件下的体积。一般采用物质平衡法、单井井控库存量累加法、数值模拟法、水驱特征曲线法等计算储气库含气孔隙体积动用程度和有效库存量，根据计算结果分析有效库存量、工作气量、可动垫气量、无效库存量等技术指标变化规律和未来变化趋势，并与设计指标对比分析差距产生的主要原因。

建立定容及未被水侵入的气藏库存分析模型较为简单，采用经典气藏开发定容压降物质平衡方程可以获得较好的效果。然而对于水侵气藏，由于受水锁、水包气或压力波及范围有限的影响，真实存在于储气库中的天然气在采气阶段并不能完全动用，因此在库存计算时不能采用常规定容方法计算存于储气库中的库存量，而需要以真实被动用库存量作为预测的基础。定容气藏型和水侵气藏型库存分析模式差异（图 2–12），水侵气藏型储气库库存分析的核心思想是提出了多周期可动用库存量概念，通过储气库动态分析、气藏工程方法分析，假定注（采）气量与视地层压力在一个注采周期内满足定容压升（降）方程，从而建立水侵气藏型储气库库存分析预测模型。因此，有效库存量（可动用库存量）计算应结合储气库特征及动态资料，选择相适应的物质平衡、气井现代产量递减分析（RTA）、数值模拟方法之一进行计算。

（1）针对注采动态资料齐全的储气库，应首先采用物质平衡法，相关计算按《天然气可采储量计算方法：SY/T 6098—2010》的规定执行。若为弱—中等水侵砂岩气藏型储气库时，有效库容量应按式（2–37）计算：

$$G_{\text{rmmax}(i)}=\frac{Q_{\text{p}}}{\left(p_{\text{in}}/Z_{\text{in}}\right)-\left(p/Z\right)}\left(p_{\text{in}}/Z_{\text{in}}\right) \tag{2–37}$$

（2）若注采动态资料不满足物质平衡法计算要求时，应采用 RTA 法。利用 RTA 法拟合得到单井动态储量，各井动态储量之和即为储气库有效库存量。

需要说明的是，RTA 是处理和解释气井日常动态数据响应，以获取气藏或气井参数的过程，如渗透率、表皮系数、井控半径及储量等。

（3）若存在明显井间干扰现象或地质条件较复杂时，应采用数值模拟法。

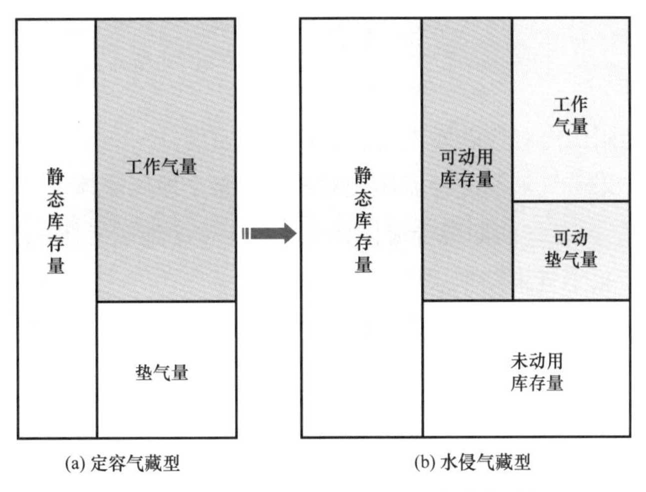

图 2-12　定容气藏型和水侵气藏型储气库库存分析差异图

（一）可动含气孔隙体积

根据注（采）气阶段的运行压力、求得的可动用库存量和库内混合流体密度，将可动用库存量由标准状况（标准状况的压力 p_{sc}=0.101325MPa，标准状况的温度 T_{sc}=293.15K）折算到地下条件，即可得到相应的可动含气孔隙体积，数学表达式为

$$V_{m(i)}=\frac{Z_{(i-1)}T_{(i-1)}p_{sc}}{p_{(i-1)}T_{sc}}G_{rm(i-1)} \tag{2-38}$$

式中　$V_{m(i)}$——可动含气孔隙体积，10^4m^3；

$Z_{(i-1)}$——注（采）气初期混合流体压缩因子；

$T_{(i-1)}$——注（采）气初期地层温度，K；

$p_{(i-1)}$——注（采）气初期地层压力，MPa；

$G_{rm(i-1)}$——注（采）气周期可动用库存量，10^8m^3。

（二）有效库容量

有效库容量即在设计上限压力条件下，储气库可动含气孔隙体积储存的天然气折算到地面标准条件下的体积，根据状态方程，有：

$$G_{rmmax(i)}=\frac{p_{max}}{Z_{max(i)}T_{(i)}}\frac{T_{sc}}{p_{sc}}V_{m(i)} \tag{2-39}$$

式中　$G_{rmmax(i)}$——有效库容量，10^8m^3；

p_{max}——上限压力，MPa；

$Z_{max(i)}$——上限压力对应的库内混合流体压缩因子；

$T_{(i)}$——注（采）气末期地层温度，K。

先插值计算混合流体的相对密度，再采用相关公式计算混合流体的压缩因子，最后计算有效库容量。

$$r_{max(i)} = \frac{r_{(i)} - r_{(i-1)}}{p_{(i)} - p_{(i-1)}}(p_{max} - p_{(i-1)}) + r_{(i-1)} \tag{2-40}$$

式中　$r_{max(i)}$——上限压力对应的库内混合流体相对密度；

$r_{(i)}$——注（采）气末期混合流体相对密度（整个地层流体）；

$r_{(i-1)}$——注（采）气初期混合流体相对密度（整个地层流体）；

$p_{(i)}$——注（采）气末期地层压力，MPa；

$p_{(i-1)}$——注（采）气初期地层压力，MPa。

（三）可动垫气量

可动垫气量即注采周期内压力降低到设计下限压力时，储气库可动含气孔隙体积储存的天然气折算到地面标准条件下的体积，根据状态方程有：

$$G_{rmmin(i)} = \frac{p_{min}}{Z_{min(i)}T_{(i)}} \frac{T_{sc}}{p_{sc}} V_{m(i)} \tag{2-41}$$

先插值计算混合流体的相对密度，再采用相关公式计算混合流体的压缩因子，最后计算可动垫气量。

$$r_{min(i)} = \frac{r_{m(i)} - r_{m(i-1)}}{p_{(i)} - p_{(i-1)}}\left(p_{min} - p_{(i-1)}\right) + r_{m(i-1)} \tag{2-42}$$

式中　$G_{rmmin(i)}$——可动垫气量，10^8m^3；

p_{min}——下限压力，MPa；

$Z_{min(i)}$——下限压力对应的库内混合流体压缩因子；

$r_{min(i)}$——下限压力对应的库内混合流体相对密度。

（四）工作气量

储气库运行于上限压力和下限压力区间时，可动含气孔隙体积中能够采出的天然气量折算到地面标准条件下的体积，即为有效库容量$G_{rmmax(i)}$与可动垫气量$G_{rmmin(i)}$之差，数学表达式为

$$G_{rwork(i)} = G_{rmmax(i)} - G_{rmmin(i)} \tag{2-43}$$

式中　$G_{rwork(i)}$——工作气量，10^8m^3。

第六节　地质体动态密封性分析

储气库高速往复注采导致地层压力交互变化，易诱发断层开启、盖层破坏和溢出点逃逸，进而破坏储气库地质体的密封性，地质体动态密封性分析是储气库生产运行管理、安全管理的重要内容。一旦储气库地质体密封性遭到破坏，将造成严重的安全事故，甚至导

致储气库废弃。因此，需特别重视对储气库地质体动态密封性的监测与分析，保障储气库注采运行安全。

一、盖层与断层动态密封性分析

盖层与断层动态密封性分析主要应用注采井动态资料、地应力分析、微地震监测、井监测资料、盖层上下或断层两侧动态资料等分析盖层或断层的动态密封性。

储气库在选址建设时期，主要从微观封闭性评价、宏观封闭性评价、测井资料评价以及现场测定破裂压力四个方面对盖层封闭性进行综合评价。同时，从岩性封闭性评价、断层面力学特征评价、流体性质评价以及流体包裹体评价四个方面对断层封闭性进行综合评价。

储气库在多周期注采运行过程中，主要是通过储气库各类监测系统对盖层与断层动态密封性进行综合评价。利用盖层监测井资料，分析储气库注采层与盖层上覆地层压力变化情况；利用断层监测井分析断层两侧地层压力变化情况；利用注采井动态资料分析注采期地层压力是否达到影响断层和盖层密封性的临界压力；外围监测井井口取样分析是否存在与注采层气体一致的气体组分；利用地质力学数值模拟评估储气库注采过程中盖层完整性和断层密封性；除常规监测手段外，微地震实时监测技术是储气库断层、盖层密封性监测的有效手段。

（一）压力和温度监测分析

盖层（断层）监测井每个月应测取 1 次，每年不少于 12 次，可根据生产需要适当加密监测，根据地层压力、温度变化情况分析盖层或断层动态密封性。

注采井在注气末期开展地层压力监测，避免注气压力接近或达到地层破裂压力，进而破坏盖层的密封性。靠近断层区域的注采井需控制注气压力，避免因注气压力过高引起断层滑移、开启，进而破坏断层的密封性。

（二）流体组分及性质分析

盖层（断层）监测井井口定期取样，进行常规物性及全组分分析，对比分析是否存在与注采层气体一致的气体组分，判断盖层或断层动态密封性。

（三）示踪剂（放射性气体）监测分析

在盖层（断层）监测井附近的注采井中持续注入惰性气体示踪剂，对监测井取样分析，根据气样中是否含有注入的示踪剂判断盖层或断层动态密封性。

一般在注气阶段每月注入 1 次示踪剂，注入示踪剂后每天采样 1 次，如样品中有示踪剂含量响应，则加密取样次数，每 4h 取样 1 次，以此来监测示踪剂（放射性气体）含量，判断盖层或断层动态密封性。

（四）地应力分析

根据储气库高速往复注采地应力场交替变化的特点，综合地质、地震、测井和各类室内岩心实验结果，建立了储气库区域尺度三维精细地质模型，并以此为基础，结合室内岩石力学实验和矿场地应力测试以及储气库多周期的注采动态，建立储气库三维动态地质力学模型，数值模拟评价储气库在设计运行压力区间下的盖层或断层动态密封性。

（五）微地震监测分析

微地震监测技术是以声发射学和地震学为基础的一种通过观测、分析生产活动中产生的微地震事件来监测生产活动的影响、效果及地层状态的地球物理技术。为了保证储气库在注采运行过程中的圈闭动态密封性与安全性，必须建立完善的监测系统。除利用常规监测系统定期对储气库开展压力、温度、流体分布等监测外，微地震监测技术因具有覆盖区域广、灵敏度高、反馈速度快、定位精度高等优势，可作为常规监测手段的有效补充。利用微地震监测系统监测微地震事件在盖层或断层附近的聚集程度、能级大小等指标，综合分析盖层或断层动态密封性。

二、气液边界分析

气液边界分析主要应用注采井生产动态资料、示踪剂监测资料、气液界面监测资料，采用数值模拟等方法，分析气体向液体区的渗漏情况，评价气液边界直至溢出点的动态密封性。

利用流体运移主要方向、气水界面附近和圈闭外围监测井资料，监测储气库注采运行过程中流体运移及气水界面变化情况，同时兼顾监测储气库运行压力、温度，及时掌握储气库注采运行状态。

（一）压力和温度监测分析

监测井每个月应测取 1 次，每年不少于 12 次，可根据生产需要适当加密监测，根据地层压力、温度变化情况分析气液边界至溢出点动态密封性。

（二）流体组分及性质分析

在圈闭外围监测井井口定期取样，而后进行常规物性及全组分分析，对比分析是否存在与储集层气体一致的气体组分，分析气液边界至溢出点动态密封性。

（三）示踪剂（放射性气体）监测分析

在气液边界附近的注采井中持续注入惰性气体示踪剂，对监测井取样分析，根据气样中是否含有注入的示踪剂判断气液边界的变化情况。

一般在注气阶段每月注入 1 次示踪剂，注入示踪剂后每天采样 1 次，如样品中有示踪剂含量响应，则加密取样次数，每 4h 取样 1 次，以此来监测示踪剂（放射性气体）含量，分析气液边界至溢出点动态密封性。

（四）气水界面监测分析

在气水界面附近监测井中定期下入气水界面监测仪测试气水界面，在注气期和采气期各测取3次，每年不少于6次，需要时可适当加密监测，监测注采过程中气水界面的变化情况，分析气液边界至溢出点动态密封性。

（五）数值模拟分析

利用示踪剂数值模拟技术，对气体进行示踪剂标识，采用气相色谱仪测量产出井气体示踪剂浓度的变化，将该数据输入示踪剂数值模拟器（CMG-STAR），对历史拟合数据进行校正。根据示踪剂浓度的变化，可以方便地对注入气体进行标识，识别注气前缘分布形态及变化趋势，掌握注入气体的推进、扩散及注气通道和气水前缘的变化。

三、库存诊断曲线分析

通过储气库库存量管理和分析运行曲线变化规律，可以定性判定储气库扩容、漏失、水侵等现象。为提高判断的灵敏度，在储气库运行曲线定性分析的基础上，根据地层压力与库存量关系数据，绘制储气库运行诊断曲线，进一步利用单位压力库存量及单位压力差库存量增量等参数，分析储气库扩容或漏失情况，具体判定结果见表2-2。

表2-2　储气库运行曲线诊断标准

运行曲线	变化趋势	分析结论
库存量—视地层压力	左移	水侵/计量有误
	右移	扩容/漏失
单位压力库存量 $G/(p/Z)$	不变	运行安全稳定
	增大	扩容/漏失有误
	减小	水侵/计量
单位压力增量的库存量增量 $\Delta G/(\Delta p/Z)$	不变	漏失
	增大	扩容

单位视地层压力的库存量指储气库中库存量与视地层压力的比值，根据实际需要，每个注气或采气阶段结束后均可计算出相应的数值。数学模型为

$$\Delta G=\frac{G_{r(i)}}{(p/Z)_{(i)}} \tag{2-44}$$

式中　ΔG——单位视地层压力的库存量，$10^8m^3/MPa$；

$G_{r(i)}$——第i周期注气或采气末期储气库中库存量，10^8m^3；

$(p/Z)_{(i)}$——第i周期注气或采气末期视地层压力，MPa。

单位视地层压力增量的库存量增量是指注气或采气阶段而言，末期与初期的库存量差值，即注气量或采气量与相应视地层压力差值的比值。数学模型为

$$\frac{\Delta G_{r(i)}}{\Delta(p/Z)_{(i)}}=\frac{G_{r(i)}-G_{r(i-1)}}{(p/Z)_{(i)}-(p/Z)_{(i-1)}} \quad (2-45)$$

式中 $\Delta G_{r(i)}$——注（采）气末期与初期的库存量差，10^8m^3；

$\Delta(p/Z)_{(i)}$——注（采）气末期与初期的视地层压力差，MPa；

$G_{r(i-1)}$——第（i–1）周期注气或采气末期储气库中库存量，10^8m^3；

$(p/Z)_{(i-1)}$——第（i–1）周期注气或采气末期视地层压力，MPa。

（一）库存量与视地层压力曲线

以库存量为横坐标、视地层压力为纵坐标，绘制库存量与视地层压力曲线。储气库多周期库存量与视地层压力曲线通常表现为三种情况：向左移动、基本稳定、向右移动。利用库存量曲线可定性评价储气库水侵或扩容状态，典型库存量曲线如图 2–13 所示。

（二）库存量增量曲线

以运行周期为横坐标、库存量增量为纵坐标，绘制库存量增量曲线，由单位视地层压力库存量与运行周期和单位视地层压力增量的库存量增量与运行周期两条曲线组成。储气库多周期库存量增量曲线通常也表现为三种情况：稳定趋势、上升趋势、复合趋势。利用库存量增量曲线可半定量评价储气库扩容或漏失情况，以采气为例的典型库存量增量曲线如图 2–14 所示。

（三）扩容 / 漏失特征分析

随运行周期增加，库存量与视地层压力曲线向右移动、单位视地层压力库存量和单位视地层压力增量的库存量增量增大，表明储气库存在扩容或漏失特征。储气库到底是扩容还是漏失，需通过动态监测进一步核实，如果动态监测结果证实储气库存在漏失，需要分析漏失的可能因素并制订相应的管控措施。

（四）稳定运行特征分析

随运行周期增加，库存量与视地层压力曲线与设计基本一致、在同一区域变动，单位视地层压力库存量变化较小且曲线基本稳定减小，表明储气库稳定、没有漏失且气量计量准确。

（五）水侵分析特征分析

随运行周期增加，库存量与视地层压力曲线向左移动、单位视地层压力库存量减小，表明储气库可能发生水侵或气量计量有误差，需要重新核实多周期注采气量并计算库存量，消除计量误差。若储气库发生水侵，需通过取样分析化验、气水界面监测等动态监测手段进一步核实，并制订相应的管控措施。

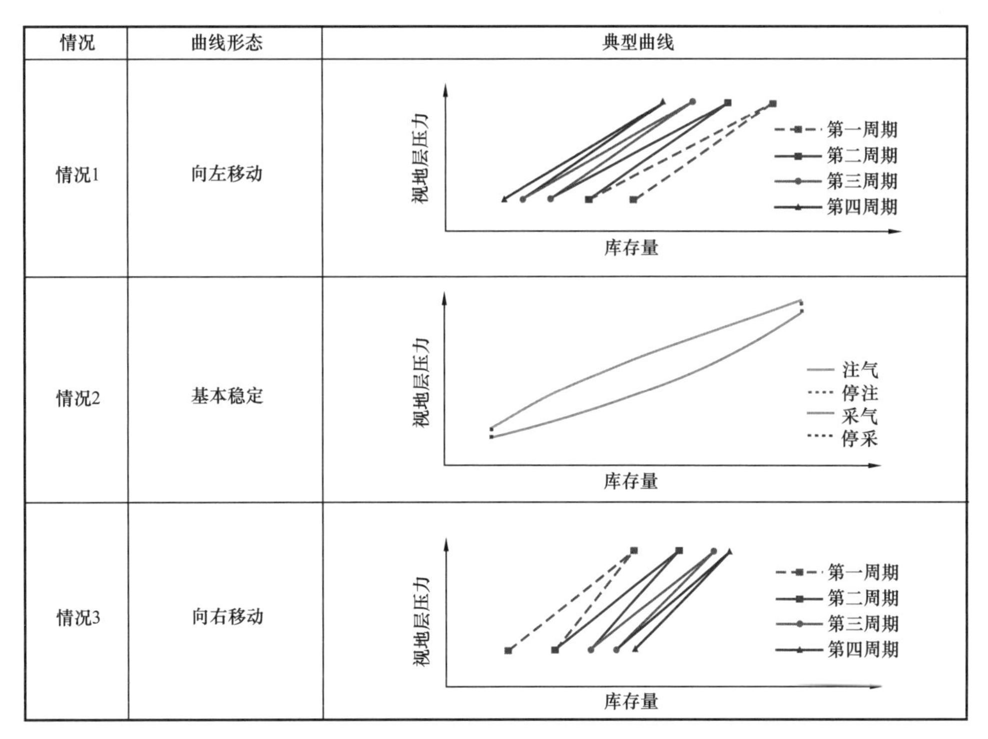

图 2–13 视地层压力与库存量关系曲线

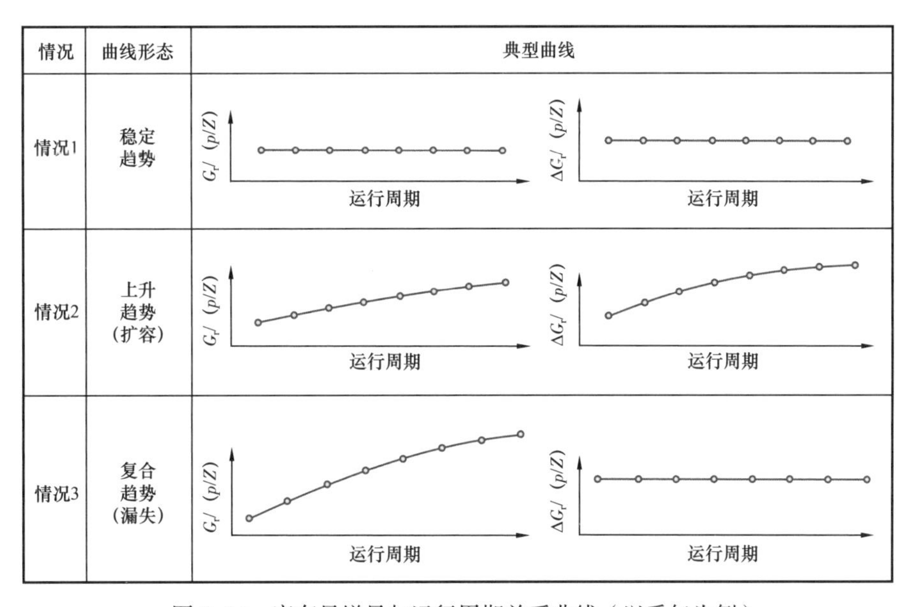

图 2–14 库存量增量与运行周期关系曲线（以采气为例）

第七节 注采运行影响因素分析

储气库注采运行受注采工艺与集输管网、注入气源供给、市场需求和完整性措施等配套系统的影响，因此，应加强注采运行影响因素分析，分析影响生产的注采工艺、气液处理设施与集输管网、注入气源供给、市场需求和完整性措施等配套系统的适应性，对不适应的事项提出改进建议，并合理配置周期注采气量，充分发挥储气库的调峰保供作用。

一、注采工艺与气液处理设施的影响

（一）井身结构完整性的影响

随着储气库注采周期的延长，采用永久式封隔器、气密封丝扣管柱的注采井，由于螺纹丝扣漏气、完井管柱某一部件失效、固井质量存在欠缺等因素，会造成A环空和B环空带压。如部分气井A环空压力与注采气压力基本持平且压力较高，通过管柱工程测试结果可以判断，部分气井环空保护液也因此出现泄漏，造成管柱腐蚀速度加快，A环空管柱承压相对较高，但B环空压力出现气体窜漏等情况下，压力可达到最高允许带压压力附近。

注采过程中，为了降低气体在固井质量差等薄弱环节的微渗，通常采用降低该井注采气量，甚至关停的方式，避免环空带压情况持续恶化，对注采生产安全造成影响。采气过程中，由于储气库气井均有井下安全阀，因地面压力控制系统泄压或井下安全阀开关故障，造成气井无法正常开启或关闭，造成产量受到一定限制，尤其是在冬季调峰保供的关键时期，将造成采气能力无法充分发挥的问题。

采取后期补救的方式，若是油管或油层套管仍需要采取大修的方式，进行更换管柱、更换井下管串部件或套管修复技术，对于其他套管固井中造成的缝隙性微渗或窜槽等，尤其是B环空及外层套管，仅能根据压力变化情况监控运行，若带压高且泄漏速度快，需要进行封堵等其他措施。

（二）液体组分变化的影响

由于多周期注入大量的干气对储层中的液体不断进行置换，尤其是带油环、凝析气藏等，储层中的重质组分被慢慢采出，且与气藏开采前期液体物性存在较大变化，如液体的黏度、凝固点、含蜡量等，造成地面处理装置中的液体处理装置发生冻堵或无法有效分离液体等问题，对外输天然气质量产生影响，低温分离器等主要液体处理设备分离效率降低，注入的水合物抑制剂回收率降低，为了保证装置正常运行，需要增加加热装置，现场运行中进行频繁手动排液，控制分离器保持在低液位，一定程度上缓解现场排液等高劳动强度。如某储气库在气田开发时期，采出液体的凝固点为 -14℃，但改建储气库后，采出液体的组分由以 C_8 为主变为以 C_{16} 为主，凝固点也上升到 8℃，排液管线冬季易冻堵，给现场运行带来严重影响。

现场应根据组分变化情况，及时进行装置改造或升级，提高处理装置的适应性，满足天然气外输质量等控制要求。

（三）管道腐蚀的影响

国内储气库注气气源主要依托于天然气长输管道的进口气或国内油气田企业的气田气，来气中多数存在 CO_2 或其他腐蚀性气体，按含量分压计算已到达严重腐蚀的程度，注气管线基本不含水，但采气管线由于地层中采出液体、固体杂质颗粒等的影响，管线薄弱处会产生一定的腐蚀，给现场注采安全带来较大隐患，且部分储气库采用双金属复合管作为注采管线。在历年常规检修检测中，已经发现管线的焊接处、管线变径处存在明显腐蚀，以及内衬鼓包等问题，双金属复合管缺陷的有效检测目前仍然存在技术难点，检测技术的适用性仍需提升，要及时定期开展管道腐蚀情况的综合评估，确保储气库注采运行安全。

二、注入气源供给与市场需求的影响

（一）注入气源供给的影响

储气库主要依托于外来气源的注入储备以满足采气期调峰需求，因此对储气库采出的天然气必须在注气期及时补充，如果注气期注气量小于上一个周期采气量，储气库周期工作气量和应急调峰能力将呈下降趋势。

国内储气库注气气源主要依托于天然气长输管道的进口气或国内油气田企业的气田气，均存在因气田检维修、输气管网施工作业、建设工程施工作业、自然灾害等原因，导致气源中断或注气量受限的风险，进而影响储气库注气期库存储备、采气期工作气量和应急调峰能力。因此，在储气库动态分析和周期注采运行方案部署中，需分析注入气源供给对储气库周期注气和冬季调峰采气产生的影响。

（二）市场需求的影响

按照全球历史天然气供需规律，夏季为天然气需求淡季，冬季供暖期为天然气需求旺季。受“碳中和、碳达峰”政策拉动以及经济复苏等因素的影响，天然气需求呈爆发式增长，天然气市场表现出“淡季不淡、旺季更旺”的供需形势。

市场需求也将对储气库注采运行产生较大影响，主要表现在注气期下游用气需求旺盛，为保障下游用气需求，可能导致储气库注气量受限，影响注气期库存储备；采气期受气温、国内天然气产量、国外天然气进口量、LNG 储备量等因素的影响，天然气市场需求存在诸多不确定因素。如遇到暖冬天气，天然气需求降低，将影响储气库采气调峰能力的发挥，进而影响下一个周期的注气量，限制储气库注采运行效率；相反，如遇到极寒天气，天然气需求旺盛，将有助于储气库采气调峰能力的发挥，进而提升下一个周期的注气量，提高储气库注采运行效率。因此，在储气库动态分析和周期注采运行方案部署中，也需分析市场需求对储气库周期注气和冬季调峰采气产生的影响。

第八节　储气库设计关键指标评价

我国储气库建设与运行管理虽然已经历 20 年的发展历程，但仍然处于技术探索和经验积累阶段，需要在储气库建设与运行实践中，不断优化设计理念，探索生产经营模式，完善标准技术体系。

储气库库容量、运行压力、日注采气能力和工作气量等关键指标是否达到初步方案设计值，是评价储气库建设成效的重要依据。注采井网适应性、注采运行效果、储气库剩余潜力评价，也是储气库进行优化调整的重要依据。建库初期由于受获取资料的局限性，必然会在一定程度上影响储气库设计运行参数的预测，因此，部分储气库原初步设计方案设计指标可能存在不适应性，需要在储气库多周期注采运行过程中，开展设计关键指标评价与分析。例如，储气库实际有效库容量未达到设计库容量、实际工作气量未达到设计工作气量、实际注采气调峰能力未达到设计能力等，均需要在周期动态分析中予以分析评价，找到问题的根源，并制订针对性调整措施，提高储气库运行效率和经营效益。

对于部分已达到初步设计方案设计指标的储气库，仍需要进一步分析论证持续扩容潜力、提高工作气量潜力、提升应急调峰能力潜力、降本增效潜力等，最大限度挖掘储气库调峰保供能力和生产经营效益。

第三章　储气库动态分析实例

第一节　新疆油田 H 储气库动态分析

新疆油田 H 储气库地处新疆维吾尔自治区昌吉国家高新技术开发区，区域构造上位于准噶尔盆地准南山前冲段带霍玛吐背斜带东段呼图壁背斜，构造形态为被断裂切割的长轴背斜。该储气库是由开发中后期气藏改建而成，目的层为古近系紫泥泉子组 $E_{1-2}z$ 砂岩储层。H 储气库是中亚进口气进入国内后首座储气库，位于西气东输二线霍尔果斯—中卫站上游，距离准噶尔盆地输气环网直线距离 8km、西气东输二线和三线直线距离 22km，是储气调峰的重要节点，具备北疆地区季节调峰及西气东输管线系统季节调峰和事故应急供气双重功能，设计库容 $107\times10^8m^3$，工作气量 $45.1\times10^8m^3$。该气藏于 1998 年依靠天然气驱能量投入开发，2011 年改建成储气库，并于 2013 年 6 月投入运行，目前已完成八个周期的注采运行，正在第九周期注气。通过对 H 储气库注采运行资料的分析，总结了带边底水气藏型储气库的注采运行特点及注采动态规律，重点剖析了气藏特征、注采能力、库存动用特征、地质体动态密封性、注采运行影响因素、储气库设计关键指标评价等，对我国其他储气库的建设和运行管理具有一定的借鉴意义。

一、基本概况

H 储气库位于准噶尔盆地南缘，东距呼图壁县约 4.5km，东南距乌鲁木齐市约 78km，属新疆维吾尔自治区昌吉高新技术开发区与呼图壁县管辖。H 储气库具备北疆地区季节调峰及西气东输管线系统季节调峰和事故应急供气双重功能，气源为西气东输二线管道来气。H 气藏发育地层自老至新分别为古生界、三叠系、侏罗系、白垩系、古近系和新近系，均为陆相碎屑岩沉积，总沉积厚度约 11500m。气层所处的紫泥泉子组（$E_{1-2}z$）与上覆安集海河组（$E_{2-3}a$）为整合接触关系，与下伏东沟组（K_2d）亦为整合接触，岩性主要为棕褐色及灰褐色细砂岩、不等粒砂岩、粉砂岩、含砾不等粒砂岩、含砾泥质砂岩。

H 气藏露点压力均低于地层压力，露点压力为 29.03～31.40MPa，地露压差平均为 3.59MPa，最大反凝析压力为 10.82～12.25MPa，C_{5+} 平均含量为 47.00g/m^3（小于 50g/m^3），属于贫凝析气藏。综合地质沉积特性看，紫泥泉子组气藏总体上为受岩性、构造控制，带边底水的中高渗透性层状深层砂岩贫凝析气藏。根据前期测井解释及试油成果，H 气藏原始气水界面海拔为 -3047m。天然气相对密度为 0.5921～0.6076，甲烷含量为 90.09%～93.24%，凝析油密度为 0.7731～0.7839g/cm^3，地层水总矿化度为 12834～16188mg/L，水类型为 Na_2SO_4 型。地层压力系数为 0.94～0.97，属正常压力系统。气藏中部深度为 3585m，原始地层压力为 33.96MPa。

二、储气库主要设计参数

H 储气库设计库容为 $107\times10^8m^3$，工作气量为 $45.1\times10^8m^3$，垫气量为 $61.9\times10^8m^3$，附加垫气量为 $16.5\times10^8m^3$，储气库运行压力为 18～34MPa。注气周期为 180 天，采气周期为 150 天，设计最大日注气量为 $1550.0\times10^4m^3$，最大日采气量为 $2789.0\times10^4m^3$。部署注采井 30 口，监测井 14 口（新井 11 口，修复利用老井 3 口），其中常规监测井 4 口，盖层监测井 1 口，微地震监测井 9 口。地面配套集注站 1 座、集配站 3 座。

2018 年 7 月，新疆油田分公司编制完成了《H 储气库调整方案》并通过中国石油天然气股份有限公司审批，新增部署注采井 19 口、监测井 1 口，储气库最终调峰能力达到 $3330\times10^4m^3/d$，应急能力达到 $4020\times10^4m^3/d$，150 天工作气量为 $45.1\times10^8m^3$，分两期实施。

三、气藏开发历程及储气库注采现状

H 气田于 1996 年发现，1998 年投入试采，1999 年底正式开发，共部署气井 8 口，投产 7 口。截至 2013 年 3 月，气藏累计产天然气量为 $63.19\times10^8m^3$，采出程度为 43.2%，累计采出凝析油量为 23.26×10^4t，采出程度为 35.01%，平均地层压力为 14.37MPa，压力保持程度为 42.3%。

H 储气库于 2013 年 6 月 9 日建成投运，目前已完成九注八采。2021 年 3 月 18 日开始第九周期注气，截至 2021 年 8 月 20 日，累计注入天然气量为 $152.5\times10^8m^3$、累计采出天然气量为 $104.8\times10^8m^3$、地层压力为 32.4MPa，本周期注气量为 $20.3\times10^8m^3$（图 3-1）。

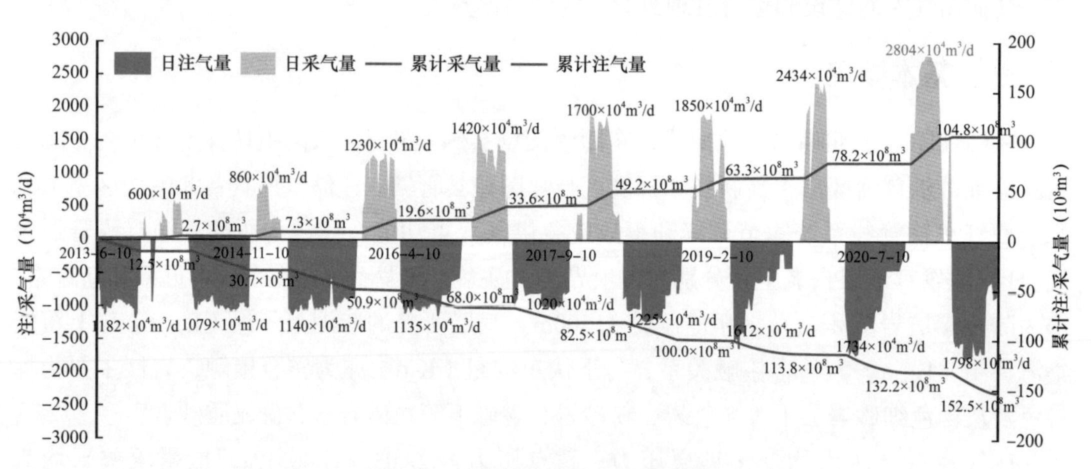

图 3-1 H 储气库注采运行现状图

四、储气库注采动态分析

（一）气藏特征分析

气藏特征分析主要包括地质特征认识、储层连通性分析、流体分析、注采驱替效果分析和水体能力分析五部分内容。

1. 地质特征认识

首先利用高分辨层序地层识别技术和精细构造解释技术，结合调整工程新井资料，对单井分层和平面构造进行精细对比研究，深化气藏地质认识，研究结果证实整体构造形态与前期认识基本一致，没有发生大的变化，将构造等值线间隔由 20m 精细落实到 10m，经过单井对比、时间切片及地震剖面特征（图 3-2），分析紫泥泉子组呼 001 井西南方向存在“缓—陡—缓—陡”阶梯状的构造特征。

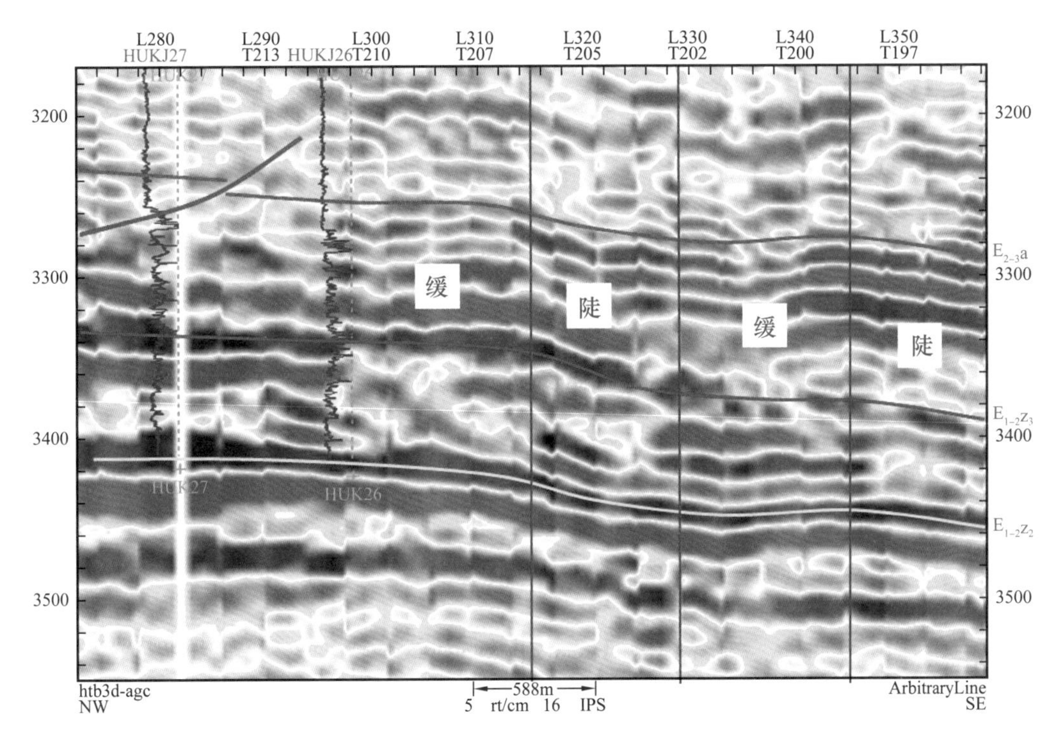

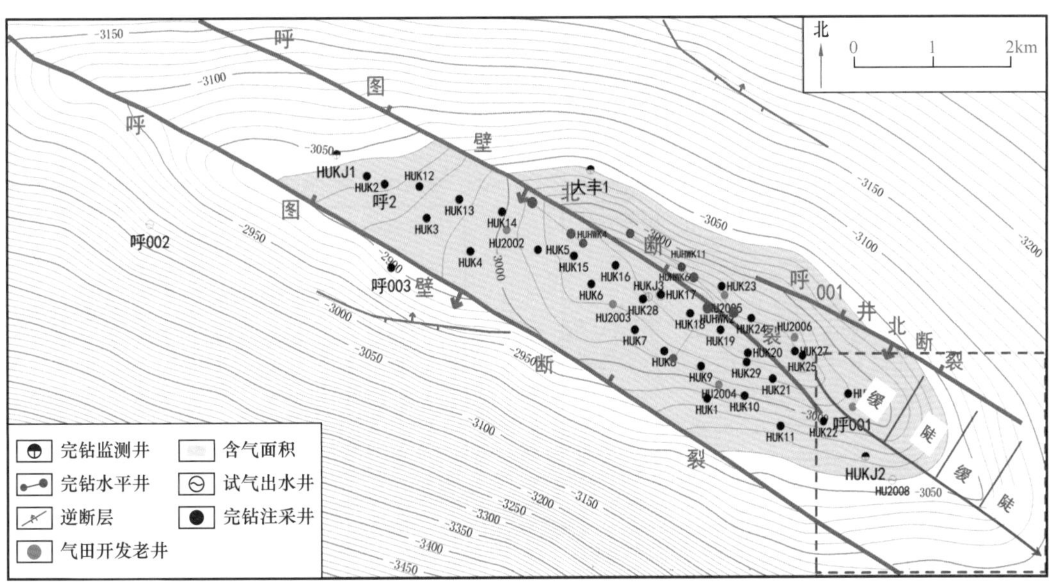

图 3-2 过 HK27—HK26 井地震地质剖面

其次根据新井资料，利用储层精细表征技术和三维精细地质建模技术，及时修正地质模型（图 3-3），实现对储层及隔夹层的精细刻画，指导了新井钻井轨迹设计和跟踪调控，新井钻遇地层深度与设计相比仅相差 2～3m，与构造认识吻合度高。

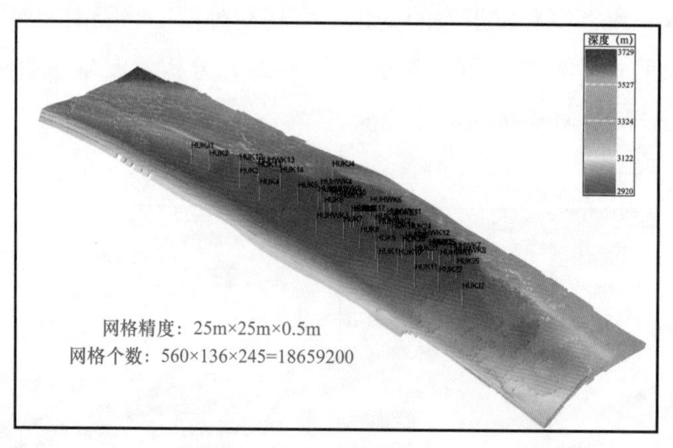

图 3-3　H 储气库地质模型

2. 储层连通性分析

根据储层监测井、平衡期压力测试及数值模拟结果（图 3-4—图 3-6），储气库主体部位地层压力分布均衡，随注采周期交替，注、采气集中区地层压力上升、下降响应特征明显，表明储层平面连通性好，储气库整体库容得到了有效动用。

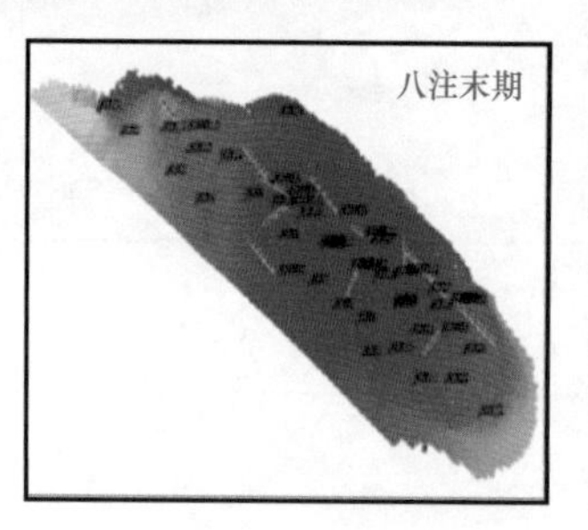

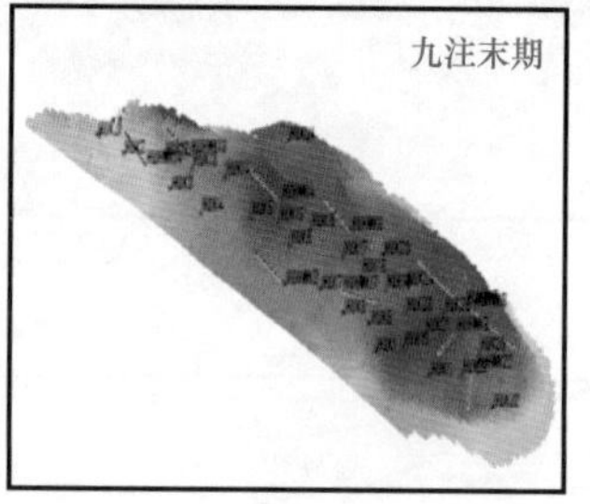

图 3-4　H 储气库各生产阶段地层压力模拟图

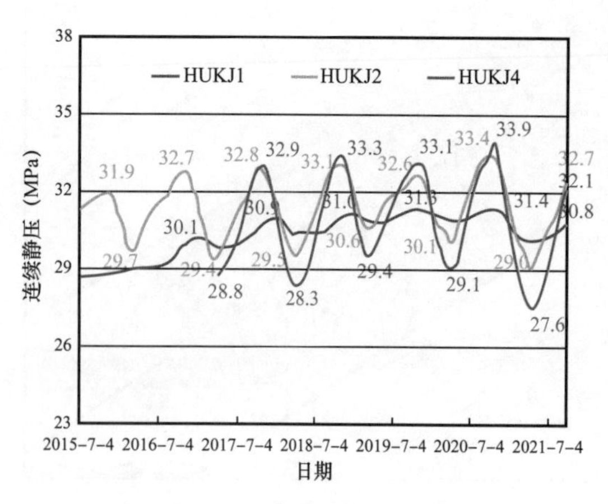

图 3-5　$E_{1-2}z_2^1$ 监测井连续静压曲线

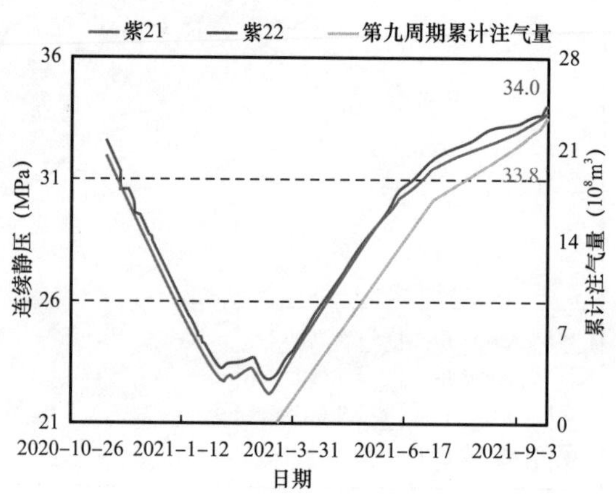

图 3-6　HUKJ3 井连续静压曲线

3. 流体分析

H储气库由枯竭的H气田改建而来，气藏类型为受构造、岩性控制的，带边底水的中孔、中渗贫凝析气藏。储气库注气气源为中亚进口成品气，气质干净无杂质。

多周期注采流体分析结果显示（表3–1，表3–2），注气期上游管网来气气质稳定。采气期油气水性质无明显变化，表明储气库流体性质较为稳定。由于注入干气置换作用，全区油气比和水气比呈快速下降趋势，油气比由第一周期的5.5g/m^{3}下降到第六周期的1.4g/m^3，水气比由开发末期的5.8g/m^{3}下降至2.0g/m^3。后期由于调整工程新井未注气直接投产，没有受到注入干气置换影响，生产油气比由第七周期的1.4g/m^{3}提高至4.5g/m^3，仍表现为干气特征。

表3–1 注气期流体组分分析周期对比表

阶段	周期	密度（g/L）	C_1摩尔分数（%）
注气初期	第六周期	0.5908	94.35
	第七周期	0.5948	94.35
	第八周期	0.5989	93.93
	第九周期	0.5912	94.37
注气末期	第六周期	0.5929	93.90
	第七周期	0.5902	94.47
	第八周期	0.5973	94.15
	第儿周期	0.5919	94.30

表3–2 采气期流体组分分析周期对比表

周期	天然气		凝析油			水	
	密度（g/L）	C_1摩尔分数（%）	密度（g/cm^3）	凝固点（℃）	20℃时黏度（mPa·s）	HCO_3^-浓度（mg/L）	水型
第六周期	0.5929	94.08	0.8035	–8	7.58	83.77	硫酸氢钠
第七周期	0.5892	94.22	0.8114	–3	6.55	84.14	硫酸氢钠
第八周期	0.5958	94.10	0.7895	–5	5.34	84.26	硫酸氢钠

4. 注采驱替效果分析

建库前西部区域边水侵入和气水界面上升，因此在注气过程中制订了“高部位强化注气向低部位逐级扩散”的扩容对策，实现气水过渡带、边底水区高渗透砂体发育带的扩容利用。通过实施“边部区域强化注气，实现边水有效外推”，扩容措施效果显著，建库初期试气产水的HUKJ1和HUKJ13井目前已恢复正常注采，更低部位的HUKJ11井已实现间歇注采。

采气阶段平面上，采气期控制东西边部区域地层压力，形成高压屏障，抑制边水“舌进”造成库容损失，多周期数值模拟证实气库边部未发生水侵。纵向上，控制靠近底水区气井生产压差，防止底水锥进造成气井水淹和库容损失，多周期数值模拟也证实未出现气水界面异常上升的现象（图 3-7）。

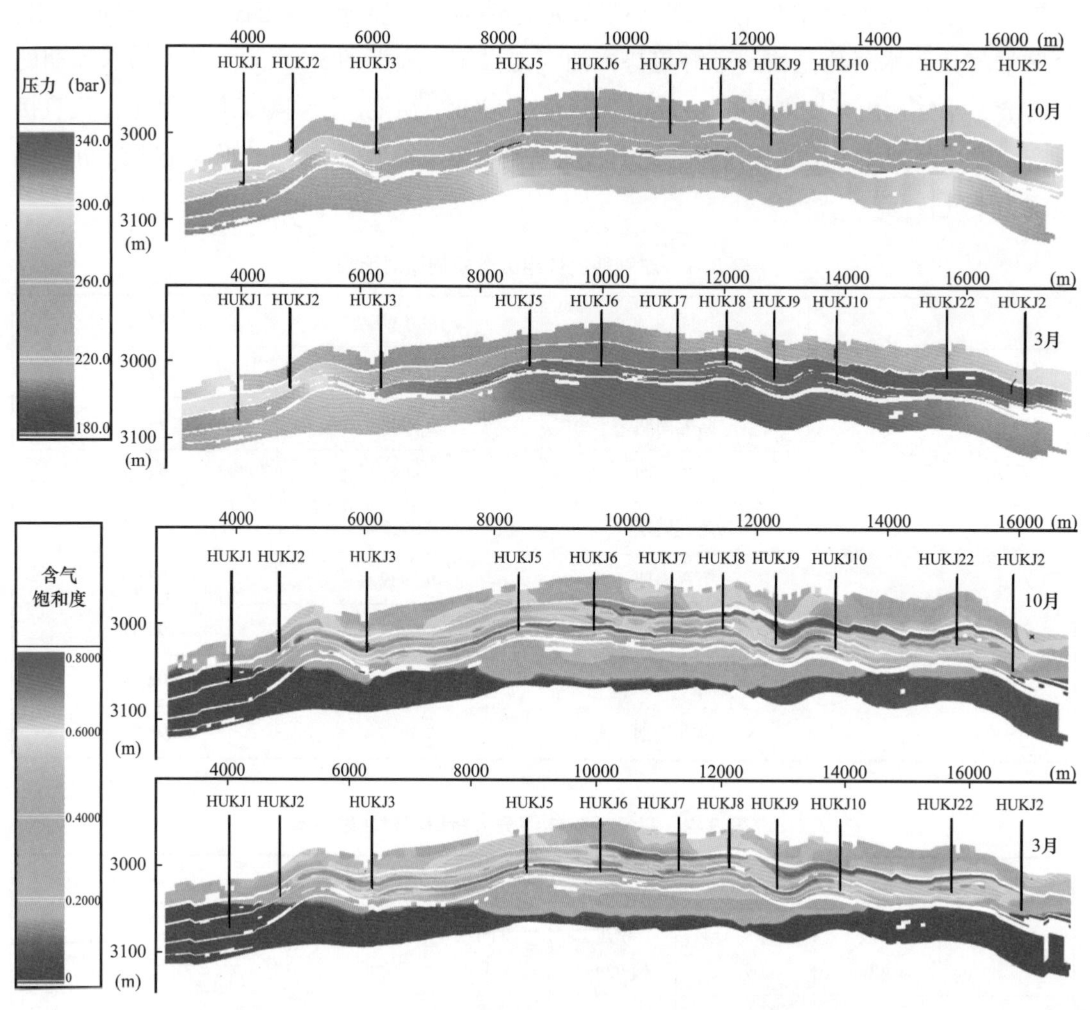

图 3-7　第八采气期地层压力、含气饱和度对比图

5. 水体能力分析

在气藏开发过程中边部区域受到边底水侵入影响，投产初期气水交错分布，地层渗流条件复杂，注气初期需要结合气藏开发阶段地层水侵入情况，评价地层水水体能量，分析通过注气驱水恢复动用的可行性。在气藏开采动态特征研究基础上，采用物质平衡法计算 H 气藏水侵量。截至 2011 年 12 月，气藏开发阶段累计水侵量仅为 $34.56\times10^4\text{m}^3$，占地下含气孔隙体积 $0.49\times10^8\text{m}^3$ 的 0.71%，水侵指数仅为 0.015，气藏整体水侵量小。

（二）注采能力分析

注采能力分析包括气注采井能力分析和储气库注采能力分析。

1. 注采井能力分析

1）合理注采能力

注采能力的标定是重要的一环，现场新井在试气完井阶段通常采用系统试井法或一点法初步建立该井的产能方程，计算出该井的无阻流量，对新井产能进行评价。受储层非均质性的影响，气井注采能力在平面上和纵向上均有所差别，气层厚度大、物性好的层注气和采气能力均较强。随着多周期注采吞吐，近井地带储层污染逐步解除，气井注采能力逐步恢复。因此需要在注采初期选择不同区域、不同层位的桩子井开展系统试井，建立气井的注采气能力方程，其余井采用一点法评价气井注采能力。气井产能方程建立后，单井的注采气能力由地层流入方程、垂直管流方程和冲蚀流量计算公式共同确定。通过周期单井产能方程的校正，采用节点分析法计算，综合考虑管柱携液、储层出砂、冲蚀等因素，实现注采参数准确预测和单井产量优化配置（图 3-8，图 3-9），直井合理注采气能力 30×10^4～$110\times10^4m^3/d$，水平井合理注采气能力 80×10^4～$130\times10^4m^3/d$。

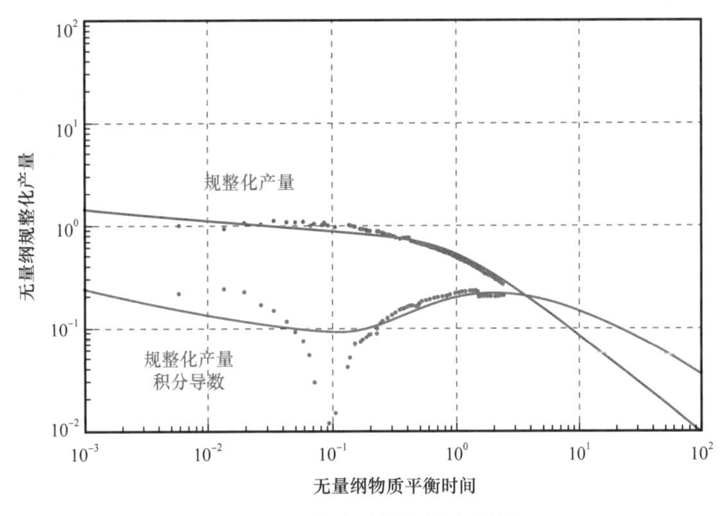

图 3-8　注采不稳定拟合图版

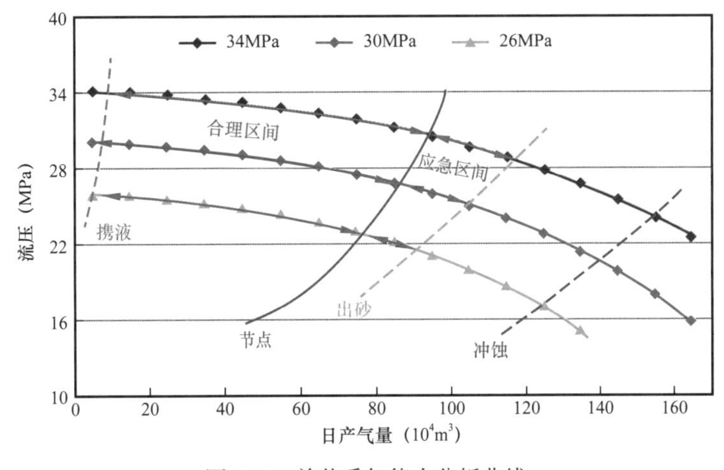

图 3-9　单井采气能力分析曲线

2）气井注采能力稳步向好

多周期注采吞吐对近井地带储层渗流情况有促进改善作用，自 2013 年投产运行以来近井地带储层污染逐步解除，储层渗透率不断呈现上升趋势（图 3-10）。平均渗透率由初期的 30.6mD 逐步恢复至第八周期的 38.9mD，表皮因子由初期 12.4 下降至 0.7，储层渗流能力持续改善。单井注气能力由第一周期的 $67\times10^4m^3/d$ 提升至第九周期的 $80\times10^4m^3/d$、采气能力由试气阶段的 $39\times10^4m^3/d$ 提升至第八周期的 $80\times10^4m^3/d$，气井注采能力稳步提升（图 3-11）。

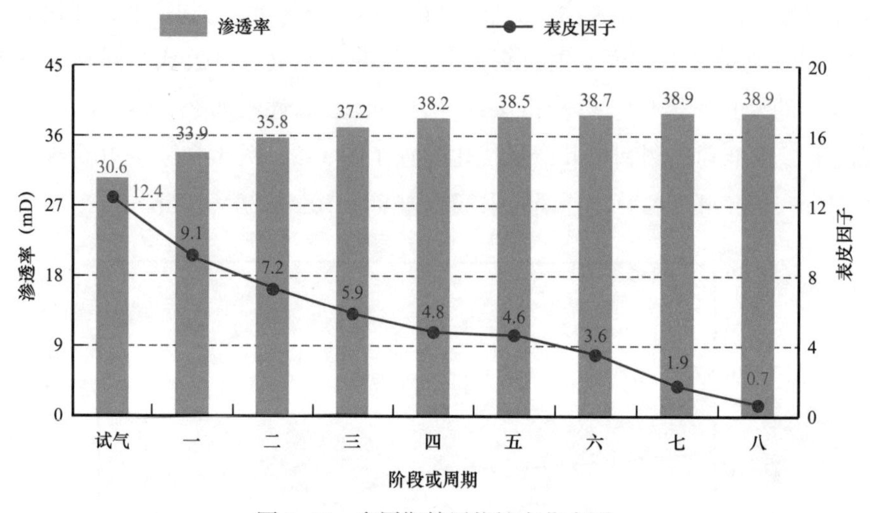

图 3-10　多周期储层物性变化表图

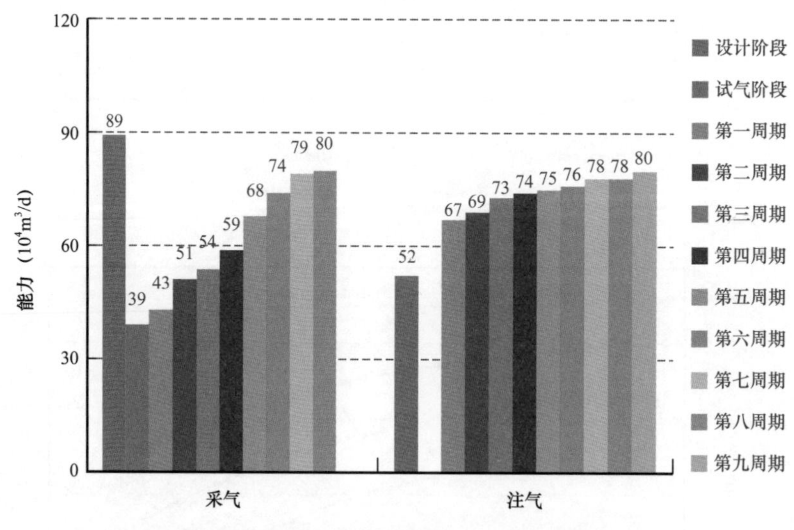

图 3-11　投运气井注采能力与方案对比图

3）气井产能分布特征

H 储气库经多周期注采运行形成了一套注采井分类标准，依据注采井的注采能力、井控半径、地层系数三个关键指标，将储气库 41 口井注采井分为三类实施管理（表 3-3）。

表 3-3　H 储气库注采井分类标准（41 口井）

类别	井数	注采能力（$10^4m^3/d$）		井控半径（m）		地层系数（mD·m）
		注气	采气	注气	采气	
Ⅰ类	32 口（含 10 口新井）	＞55	＞60	＞400	＞390	＞400
Ⅱ类	3 口（含 1 口新井）	30～55	30～60	230～400	220～390	120～400
Ⅲ类	6 口	＜30	＜30	＜230	＜220	＜120

Ⅰ类井为高产井，有 32 口，占 78%，主要分布在构造高部位，储层物性好且污染较轻，调峰能力强。第八采气期调峰能力达到 $2605\times10^4m^3/d$，占储气库总调峰能力的 92.9%。

Ⅱ类井为中产井，有 3 口，占 7%，主力气层受储层非均质性影响及局部污染原因，调峰能力较低。第八采气期调峰能力为 $132\times10^4m^3/d$，占总调峰能力的 4.7%。

Ⅲ类井为低产井和未利用井，有 6 口，占 15%，主要分布在储气库边部，受边水侵入、储层物性差等因素影响，不能正常注采。2018—2020 年通过酸化措施和强注驱替，1 口井恢复正常利用、3 口井恢复间开利用，单井采气能力在 22×10^4～$42\times10^4m^3/d$。

通过对比发现气井的产能与地层系数成正比，构造位置高部位储层发育好的井气井产能明显高于构造低部位储层发育差的井；水平井注采气能力明显优于直井，水平井的生产压力差相对较小且稳产时间长，是调峰保供的主力井。

4）酸化是提高储层污染气井注采能力的有效措施

针对未达到方案设计能力的Ⅱ类井和Ⅲ类井，综合气井采气能力、地层系数、污染程度等因素，优选具备提产潜力的 9 口井实施酸化提采措施，其中 HK23 井措施后复压解释渗透率由 4.1mD 恢复至 12.4mD，表皮系数由酸化前的 9.34 下降至 1.28，日采气能力（又可称调峰能力）由 $42\times10^4m^3$ 提升至 $95\times10^4m^3$（表 3-4）。

表 3-4　HK23 井措施前后对比表

指标	酸化前	酸化后
采气能力（$10^4m^3/d$）	42	95
渗透率（mD）	4.1	12.4
表皮系数	9.34	1.28

5 口井经酸化措施后，单井新增调峰能力为 24×10^4～$53\times10^4m^3/d$，日调峰能力由 $245\times10^4m^3$ 提升至 $447\times10^4m^3$，措施增产 $202\times10^4m^3/d$（表 3-5），酸化效果显著。

2. 储气库注采能力分析

经过多周期注采吞吐产能恢复、酸化措施提产及调整一期工程新井投产，储气库注采能力逐步提高。采用物质平衡法、数值模拟法等方法，结合单井注采能力分析、库存量、运行上下限压力、地面管网及装置配套能力、市场供需等约束条件，综合确定目前投运井网最大应急采气能力达到了 $2800\times10^4m^3/d$（图 3–12），周期工作气量也创投运以来历史新高，达到 $30.2\times10^8m^3$（图 3–13）。

表 3–5　老井酸化增产效果对比表

类别	序号	井号	酸化前		酸化后		措施增产量（$10^4m^3/d$）
			调峰能力（$10^4m^3/d$）	压差（MPa）	调峰能力（$10^4m^3/d$）	压差（MPa）	
Ⅱ类中产井	1	HK7	45	5.8	93	5.8	48
	2	HK10	37	5.3	89	5.3	52
	3	HK18	66	5.5	90	5.5	24
	4	HK23	42	5.2	95	5.2	53
	Ⅱ类井合计		190	—	367	—	177
Ⅲ类低产低效井	1	HK1	30	5.7	55	5.7	25
	2	HK13	25	5.7	25	5.7	0
	Ⅲ类井合计		55	—	80	—	25
6 口措施井合计			245	—	447	—	202

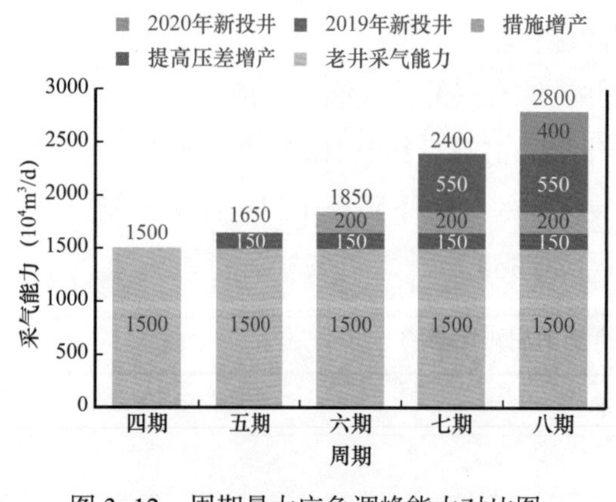

图 3–12　周期最大应急调峰能力对比图

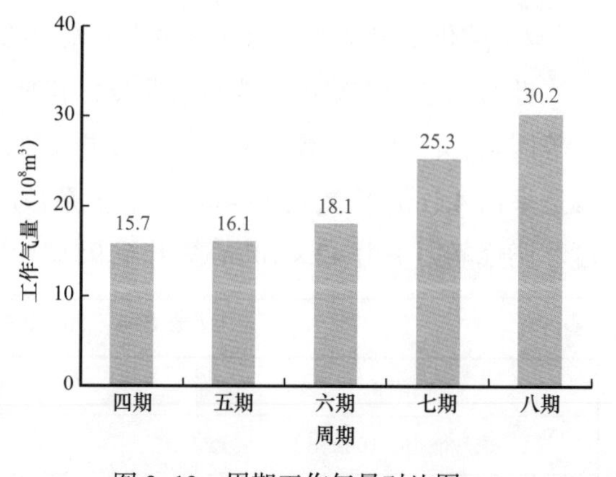

图 3–13　周期工作气量对比图

（三）库容动用特征分析

1. 多周期注采库存运行稳定，扩容趋势趋于平稳

前四个周期多注少采，储气库处于快速扩容阶段，单位压力库存量也是快速上升，后四个周期由稳定扩容阶段逐渐过渡到扩容停滞阶段，单位压力库存量基本稳定，储气库扩容趋势趋于平稳。单位压力库容运行特征与设计一致，单位压力库存量基本稳定在 $3.01\times10^8m^3/MPa$ 左右（图 3–14、图 3–15）。

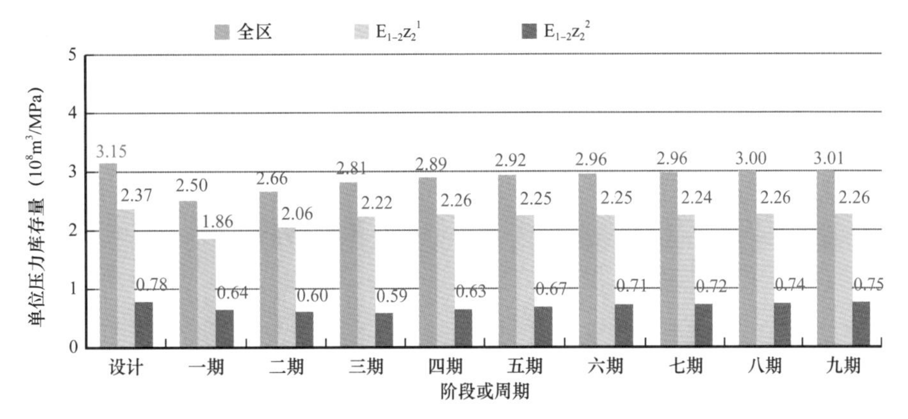

图 3-14　多周期单位压力库存量对比图

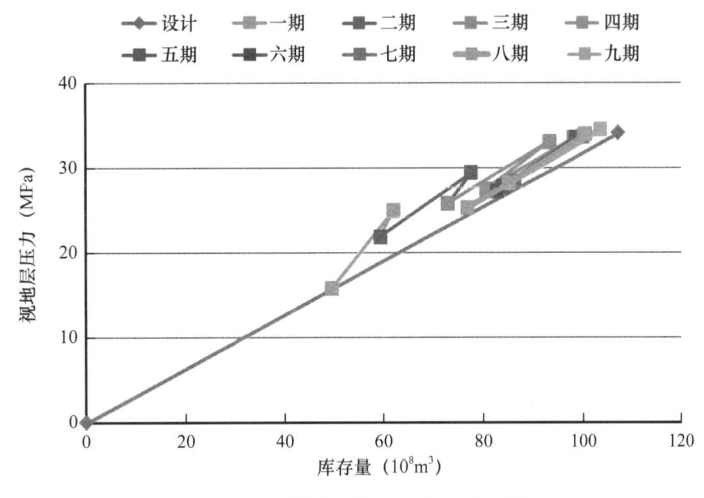

图 3-15　多周期库存量运行曲线图

2. 井控程度逐步提升，边部区域仍井控不足

随着注采井调峰能力的提升、调整工程一期 11 口注采井的投运，井控库存量逐步提升（图 3-16），利用 RTA 现代递减分析法和物质平衡法进行井控诊断，注采井井控程度逐步提升，注气井控库存量和采气井控库存量逐渐接近，表明注采平面控制效果整体向好，第九注气期井控库存量达 $99.7\times10^8m^3$，但受注采强度大、时率短且气库边部区域仍缺少井网控制，多周期压力剖面和数值模拟显示，采末期呈中部低、边部高，注末期地层压力呈中部高、边部低的特征，表明边部区域井控不足，需增加注采井控制，以有效动用库存量。

3. 注采动用库存量呈现逐年升高趋势，已基本实现达容

随着注采井网逐步完善和稳定注采，可动孔隙体积、有效库存量呈现逐年升高趋势。根据物质平衡法和数值模拟法计算，目前全区动用含气孔隙体积为 $3658\times10^4m^3$（图 3-17），达到设计的 92.2%，有效库存量由第一周期的 $47.1\times10^8m^3$ 上升至第九周期的 $101.6\times10^8m^3$（图 3-18）。

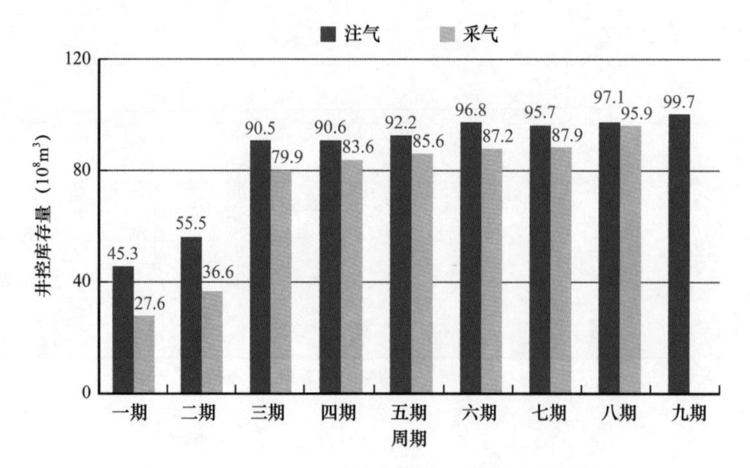

图 3-16　已投运井网井控库存量多周期对比图

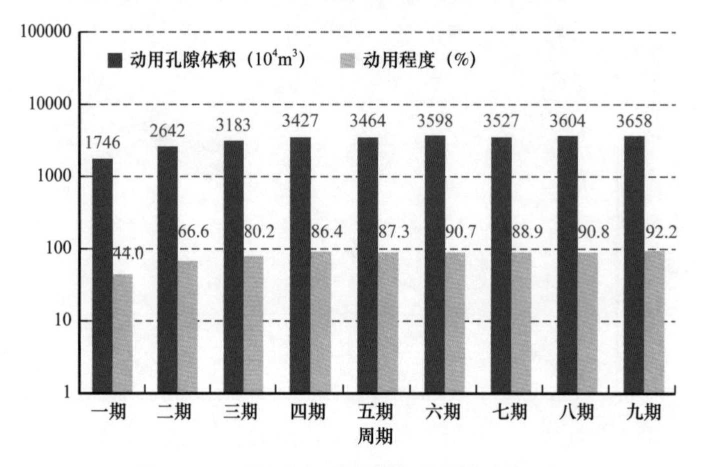

图 3-17　动用含气孔隙体积多周期对比图

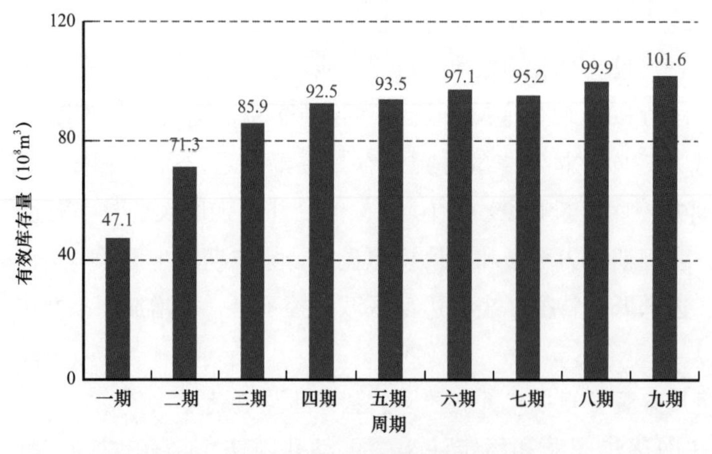

图 3-18　有效库存量多周期对比图

多周期注采蜗牛曲线也表明，储气库注采动用库容量逐年增大（图 3-19），且注采控制程度逐步接近，随着调整工程新井投运，库容动用效率持续提升，第八周期注气末期库存量 $103.3\times10^8m^3$，达容率 96.5%，已基本实现整体达容。

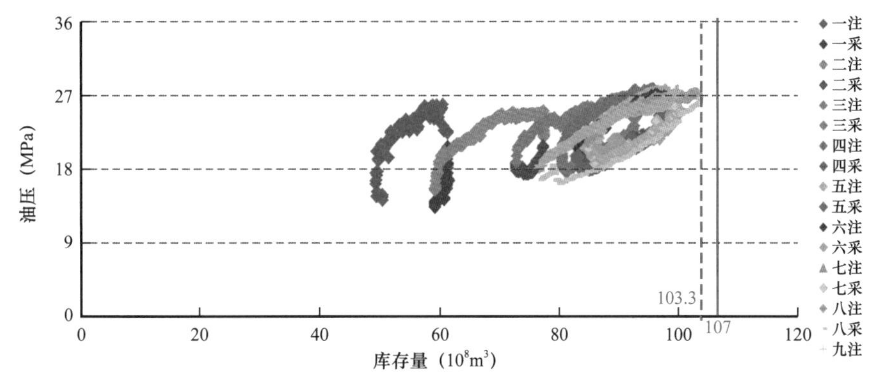

图 3–19　H 储气库注采蜗牛曲线图

4. 库存损耗逐年降低

储气库改建于气藏开发中后期，前期地层亏空严重，需要注入大量的天然气补充垫底气，前三个周期注入气主要是填补地层亏空，导致垫气损耗量和损耗率较高，后期随着投运井网逐步完善和气库逐步达容，进入损耗降低期，第八周期地质损耗率为 5.39%（图 3–20）。

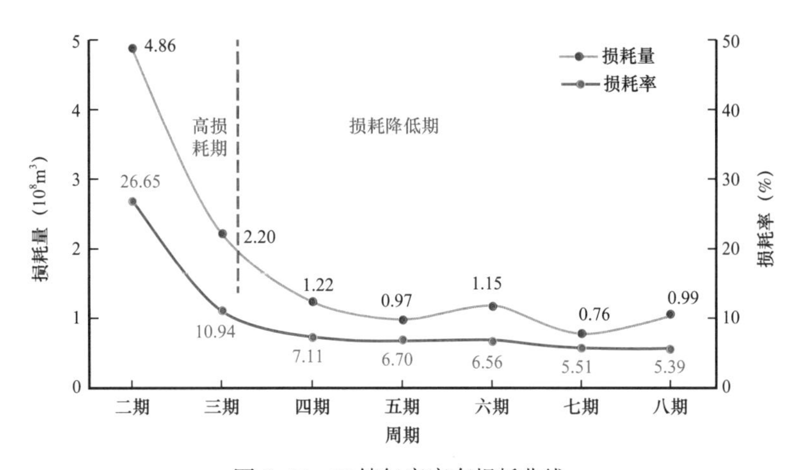

图 3–20　H 储气库库存损耗曲线

（四）储气库圈闭动态密封性分析

多周期单位压力库存量和单位压力差库存量增量运行曲线保持稳定（图 3–21），表明储气库由扩容期转向扩容停滞期，且盖层及断层动态密封性保持良好，不存在漏失。

微地震监测系统显示，2021 年储气库工区范围内微地震事件虽然较为活跃，但控藏断裂（呼图壁断裂）两侧微地震事件相对较少，全年共监测到微地震事件 953 次，应力值均小于 0.1MPa，以微观形变为主。微地震监测立体剖面显示（图 3–22）：浅层局部区域微地震事件发育，主要原因是昌吉开发区内地面工程建设等机械施工所致。储气库储层、盖层附近地震事件少、应力变化小，且未出现应力集中的现象，表明储气库整体圈闭动态密封性保持良好。盖层上覆监测井井口检测无可燃气体，也表明盖层动态密封性良好。

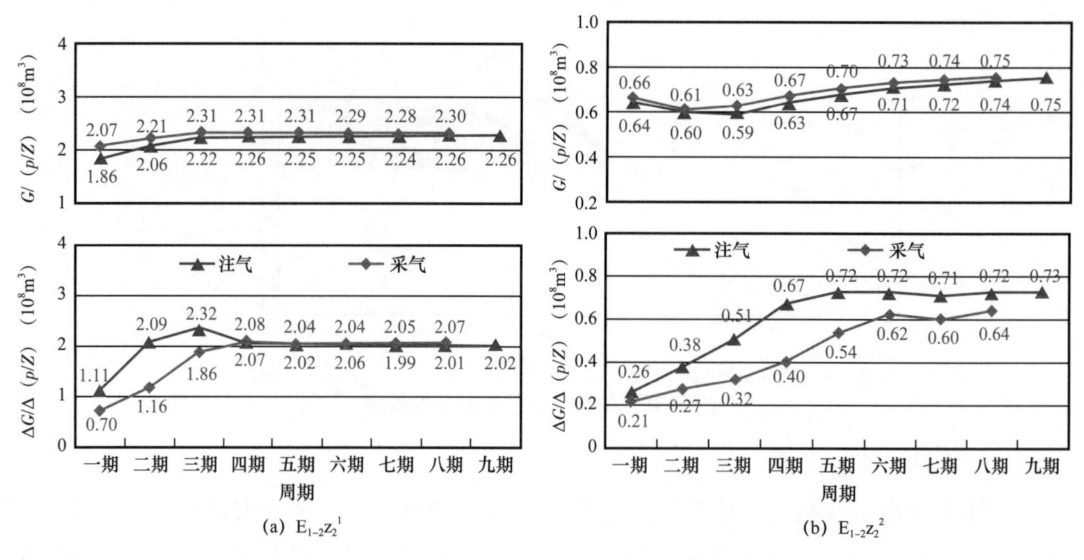

图 3-21 $E_{1-2}z_2^1$、$E_{1-2}z_2^2$ 库存量与库存增量运行曲线

图 3-22 H 储气库微地震事件分布图

（五）注采运行影响因素分析

经过多周期注采运行，影响储气库注采的主要因素有以下三个方面。

1. 地面采气系统已不满足井的调峰能力

第八采气期初期气井最大采气能力已达到 $2900\times10^4m^3$，目前地面采气装置设计能力为 $2800\times10^4m^3$，制约了储气库最大调峰能力的发挥。因此，启动了储气库调整工程二期完成地面采气系统扩建工程。

2. 当前注气期受多因素影响，注气时率和注气量受限

2021 年 6 月下旬至 8 月底受新井配钻停注影响，可注气井数仅 14 口，日注气量为 800×10^4～$600\times10^4m^3$；9 月下旬到 10 月份受二期工程地面动火连头影响，无法注气，因此，制订了“分阶段调配、分区域控制”的注气对策，同时结合配钻停注时间和配钻停注井数，对需配钻停注 24 口井初期强化注气，配钻停注期关井平衡地层压力，配钻停注结束

后再强化注气，不需要配钻停注的11口井初期控制注气速度，保障后期具备较强的注气能力。同时受“碳中和、碳达峰”政策拉动以及经济复苏等因素的影响，天然气需求呈爆发式增长，天然气市场表现出“淡季不淡、旺季更旺”的供需形势，注气过程中出现了注入气源不能够满足注气能力的现象，导致注气末期库存量较低，降低了冬季调峰采气能力。

3. 采气初期和采气末期调峰能力受限

储气库采气初期和采气末期受天气转暖，下游市场用户减少，天然气需求量降低，储气库不能按照最大采气能力进行采气，影响储气库采气调峰能力的发挥，进而影响下一个周期的注气量，限制储气库注采运行效率。

（六）设计关键指标评价

因储气库调整工程的实施，有效库容量、周期工作气量、高日应急调峰能力、年度注采调峰气量等设计关键指标得到有效提升，进一步提高了储气库注采运行效率。有效库容量因调整工程的实施、井网控制程度逐步完善，有效库容量得到显著提升，2021年第九周期达到历史最高$102.3\times10^8m^3$，占设计库容量的95.6%；周期工作气量于2018年第六周期达到原初设方案设计指标的$20.0\times10^8m^3$，因调整储气库功能定位，重新设计周期工作气量$45.1\times10^8m^3$，2021年第九周期已提升至$35.3\times10^8m^3$；高日应急调峰能力于2020年第八周期达到原初设方案设计指标$2800\times10^4m^3$，按照调整方案将提升至$4020\times10^4m^3$，2021年第九周期可提升至$3000\times10^4m^3$以上；年度注采调峰气量近三年呈明显提升态势，2020年突破$40.2\times10^8m^3$，预测2021年达到$45.3\times10^8m^3$，较2020年再提升$5.1\times10^8m^3$，调峰保供作用进一步凸显。

五、结论与建议

（1）H储气库已完成八个周期的注采运行，通过物质平衡法、现代递减分析法等方法计算，储气库目前已处于扩容停滞阶段，注气末期库存量达$103.3\times10^8m^3$，达容率为96.5%，基本实现整体达容。

（2）多周期注采吞吐解除储层污染、酸化措施提产和调整工程新井投产，是提高储气库调峰能力的有效措施。

（3）实行“注气期强化注气驱水扩容、采气期控制边部防止水侵”的扩容对策，可实现气水过渡带、边底水区高渗透砂体发育带的扩容利用。

（4）H储气库多周期注采运行动态特征和监测结果显示储气库圈闭动态密封性好，实现了多周期安全、高效、平稳运行。

第二节　大港油田B储气库动态分析

大港油田B储气库为我国第一座以枯竭凝析气藏改建而成的地下储气库，该气库已建成运行20年，由于方案设计初期数值模拟技术欠缺，对气藏水淹后的气水分布状态认识不清，尤其对水淹区的气驱水效率以及扩容规律不清楚，造成设计的库容、达容周期、含水气井产能出现较大偏差，在气库生产运行过程中产水量超过预期，尤其气水边界处气井注采能力受到严重影响，这给储气库工作气量实现带来极大困难。近年来通过对气库运行动态持续分析，认清了主要问题，制定了多种有效控制措施，不仅提高了气井注采气能力，提升了储气库库容有效利用率，同时还使储气库调峰能力得到了进一步提高。

一、地质简况

（一）构造特征

B 储气库位于天津市东南 40km 大港上古林镇，构造位置位于黄骅凹陷中部北大港二级构造带板桥油气田，B 储气库为北高南低的半背斜构造，北侧为板桥正断层的断距大于 200m、延伸长度 15km，东侧与南侧为窄油环宽水体封堵，西侧为板 816 断层封隔。构造高点埋深为 –2706m，构造幅度为 94m，构造主体部位倾角为 2°～3°，圈闭面积为 13.0km^2。

（二）盖层与储层特征

B 储气库盖层为古近系沙河街组沙一中泥岩地层，厚度为 430m，分布范围广，对气库起到良好的封闭作用（图 3–23）。

储气库储层为古近系沙河街组沙一下板 2 油组砂岩，以重力流水道沉积为主，砂体厚度较大，一般为 16～49.9m，最厚达 52m，平面上分布范围广，连通性好。垂向上相邻小层间由于有泥层隔挡，各成油气水系统。储集层砂岩物性较好，孔隙度为 13.7%～26.3%，渗透率为 40.7～780.1mD，为中孔高渗储层。

（三）气藏特征

气库板 2 油组自上而下细分 6 个小层，上部 1～4 小层均有油气分布，主要受构造和岩性控制，为带油环的凝析气藏。其中 1、2 小层砂体分布稳定，连通性好，储层物性好，为主要含油气储层，1 小层油气界面深度为 –2765m，油水界面为 –2775m；2 小层油气界面为 –2765m，油水界面为 –2775m（图 3–24）。3、4 小层油气分布范围略小且连通性差。

（四）油气储量

储气库板 2 油组天然气相对密度为 0.7659，甲烷含量为 68.24%～94.70%。凝析油具有密度低（0.72～0.83g/cm^3），地面黏度低（$<$2mPa·s），凝固点低（–25℃），初馏点低（65℃）四低特点，凝析油含量为 407g/m^3。油环原油性质较好，具有密度低、黏度小、胶质沥青及含蜡量低的特点。原油密度为 0.7065～0.8344g/cm^3，地面黏度为 0.87～2.05mPa·s，胶质含量小于 4.5%，含蜡量小于 12.5%。地层水为 $NaHCO_3$ 型，总矿化度为 7755mg/L。

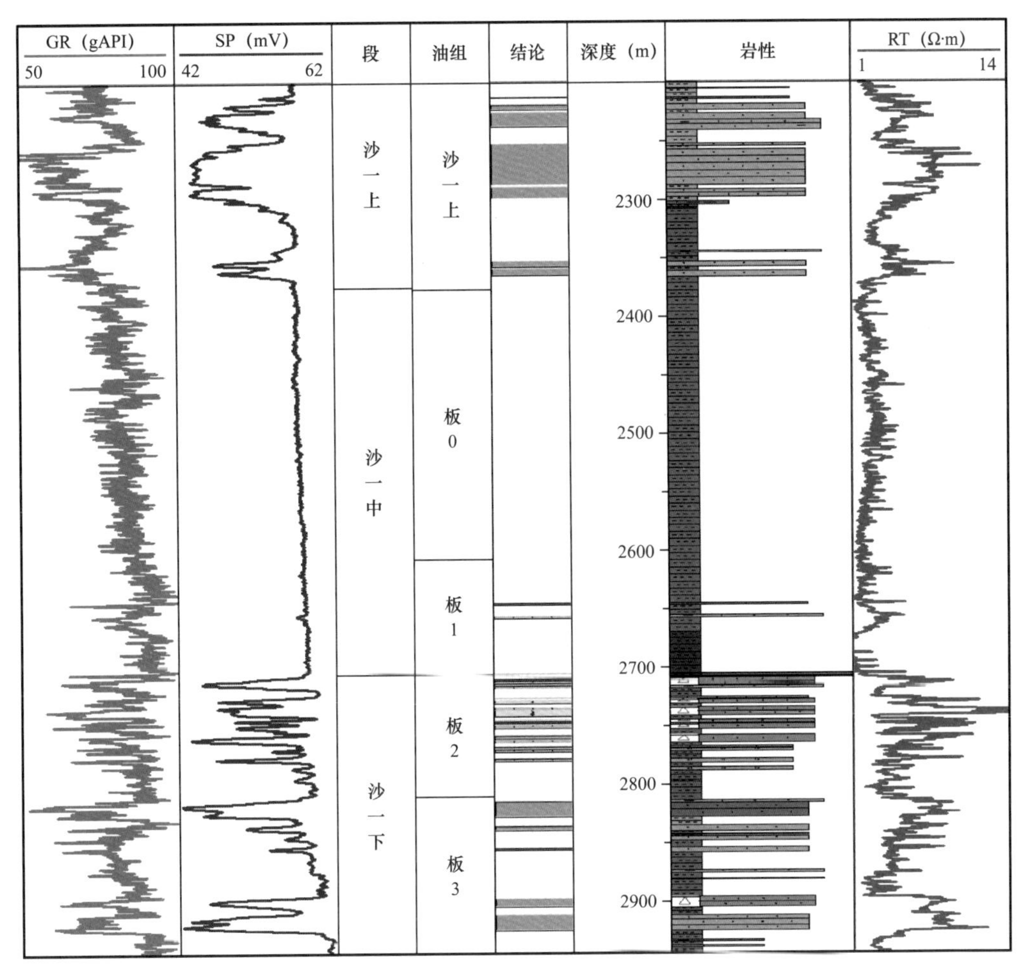

图 3-23 B 储气库综合柱状图

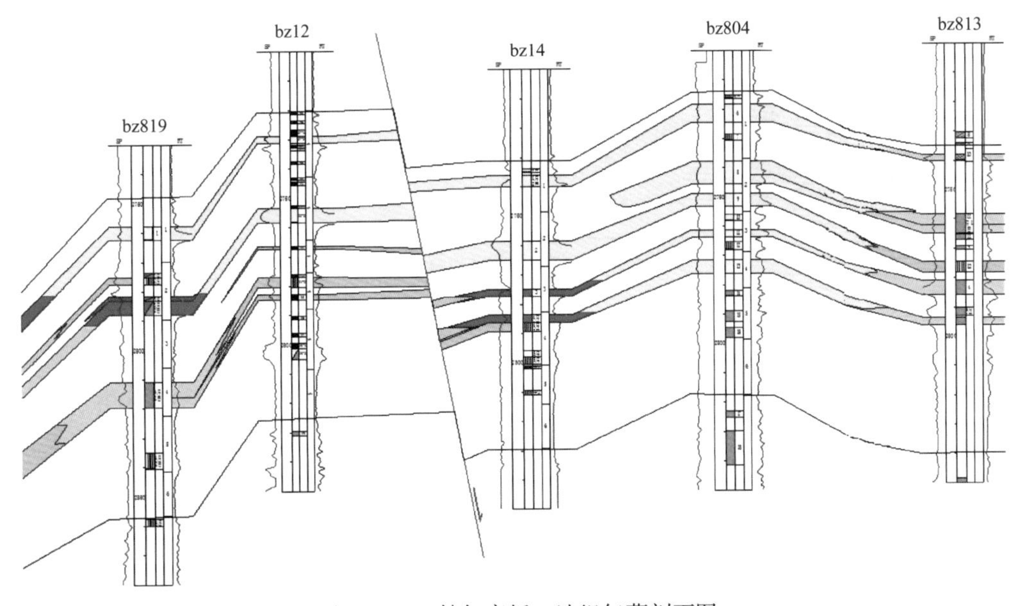

图 3-24 B 储气库板 2 油组气藏剖面图

气库原始地层压力为30.5MPa，压力系数为1.13，地层温度为102℃，地温梯度为3.1℃/100m，为正常温度正常压力系统。含气面积为7.6km^2，凝析气地质储量为$33.13\times10^8m^3$，凝析油地质储量为109.5×10^4t。

二、气藏开发简况

BZ气藏自1973年投入开发，依据油气产量变化规律可为三个阶段（图3-25）。

（一）产能建设阶段（1974—1978年）

该阶段初期试采井数少，加之控制开采速度，使油气产量出现递减现象。1976年，随着油气井的不断投产，气藏产量达到高峰，该阶段累计产气量为$2.02\times10^8m^3$，累计产油量为14.9×10^4t。

（二）稳产阶段（1979—1981年）

该阶段年产气相对稳定，但稳产时间只有3年，凝析油年产油量没有稳定生产期，反映了凝析气藏衰竭式开采的特点，阶段累计产气量为$7.16\times10^8m^3$，累计产油量为24.06×10^4t，累计产水量为$6.1\times10^4m^3$。

（三）递减阶段（1982—2001年）

1981年以后油气产量进入递减阶段，1985年采取增产措施，使产量递减速度减缓，到1997年底已基本停产。阶段累计产气量为$9.06\times10^8m^3$，累计产油量为22.89×10^4t，累计产水量为$16.3\times10^4m^3$。

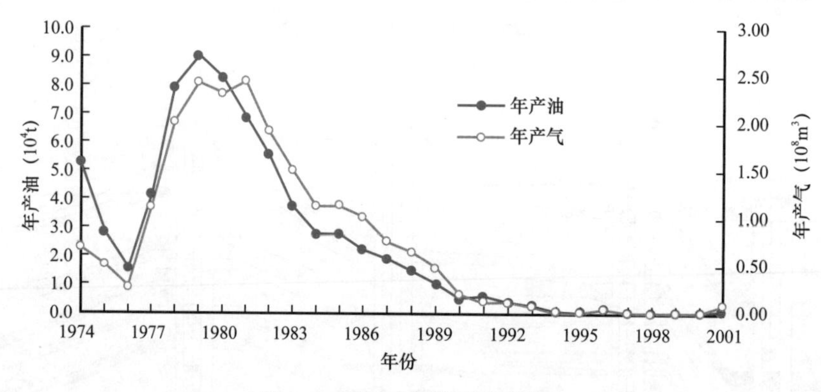

图3-25　BZ气藏开发历程图

末期由于受储层非均质性及边水推进影响，造成了中高部位部分气井带水生产，这些气井的日产水量一般在15m^3以内，水气比一般在$15m^3/10^4m^3$以内，累计产水量在$1\times10^4m^3$左右。

截至2001年BZ气藏全部停产，累计采气量为$20.81\times10^8m^3$，采气程度为61.0%；累计采油量为68.76×10^4t，采油程度为24.6%；累计产水量为$22.4\times10^4m^3$。气藏停采时地层压力为11.5MPa，压降程度为62.3%，凝析油含量在110g/m^3左右，含量降低63.3%。

三、气库方案及实施简况

2002年进行改建地下储气库研究，方案设计建库层位为板2油组1～4小层，采用先注后采的运行方式，上限压力为30.5MPa，下限压力为15MPa，设计库容量为$25.0\times10^8m^3$，工作气量为$11.0\times10^8m^3$。部署注采井20口，设计气库平均日采气能力为$914\times10^4m^3$，平均日注气能力为$500\times10^4m^3$。

新钻井设计1、2小层渗透砂岩厚度为7.0～13.0m，3～4小层渗透砂岩厚度为12.0～21.0m；实际钻遇1、2小层渗透砂岩厚度为6.4～16.4m，3～4小层渗透砂岩厚度为14.0～27.0m。从实施效果看，钻遇渗透砂岩与设计符合程度高达90%以上（表3–6）。

表3–6　新井实钻地层厚度对比表

井号	1小层	2小层	3小层	4小层	合计
BK3–1	7.0	5.6	1.8	6.4	20.8
BK3–2	2.8	5.0	4.2	4.0	16.0
BK3–3	2.8	3.6	2.6	5.0	14.0
BK3–4	11.3	3.1	5.2	2.8	22.4
BK3–5	7.0	8.7	6.3	3.7	25.7
BK3–6	4.1	12.3	4.7	5.9	27.0
BK3–7	6.6	6.1	3.9	5.3	21.9
BK3–8	2.4	6.6	7.8	3.0	19.8
BK3–9	8.5	8.1	7.2	5.0	28.8
BK3–10	1.8	4.5	6.4	2.0	14.7
BK3–11	0	1.0	0	3.4	10.6
BK3–12	3.8	5.0	0	3.4	12.2

B储气库于2003年建成投入运行到2020年运行18年，累计注入天然气量为$99.13\times10^8m^3$，累计采出天然气量为$84.00\times10^8m^3$，最大日调峰量达到$980\times10^4m^3$，基本实现了方案设计指标。

四、气库运行效果分析

（一）气藏连通性分析

1. 储气库整体连通好

储气库连通性是影响气库调峰能力及库容大小的关键因素，储层连通性好则气井控制范围广，气井注采能力强，气库库容利用程度高，形成的工作气能力大。

2006 年注气结束后，统计注入气量与实测地层压力结果可以看出（表 3–7），B 储气库注气期注气量多少与地层压力无关，证明储气库主体砂体连通性好，压力传导快。利用 2013—2014 年度注采气期末测压结果，绘制压力平面分布图可以看出（图 3–26），储气库整体平面连通性好，主体区域压力分布均匀。采气期看压力存在局部差异，顶部采气速度高压降大、压力低，边部含液井采气速度低，加之边部水体的能量补充，同时东西部区域中间的断层对压力传导起到遮挡作用，形成边部及西部区域存在高压区。

表 3–7　储气库注气期末测压统计表

井号	阶段注气（10^4m^3）	静压（MPa）	井号	阶段注气（10^4m^3）	静压（MPa）
K3–1	5151.04	31.2	K3–8	4336.57	31.0
K3–2	5702.01	31.2	K3–9	2419.03	30.9
K3–3	7814.76	31.1	K3–10	4018.60	30.8
K3–4	2103.19	31.1	K3–11	12.87	29.9
K3–5	6597.81	31.1	K3–13	31.79	31.0
K3–6	6771.99	31.1	K3–14	15.03	31.1
K3–7	5846.14	31.0	K3–15	50.28	31.5

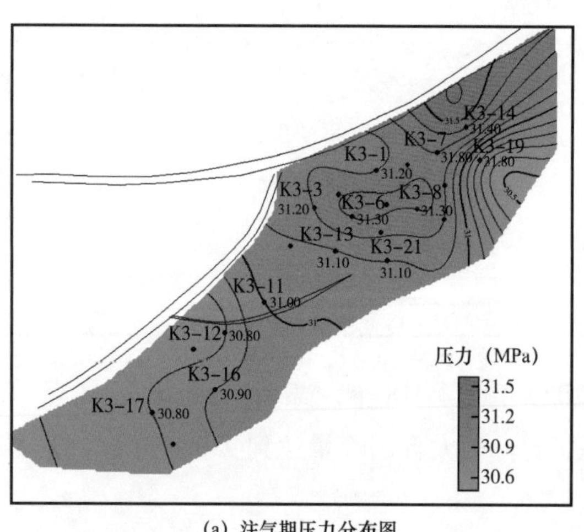

(a) 注气期压力分布图

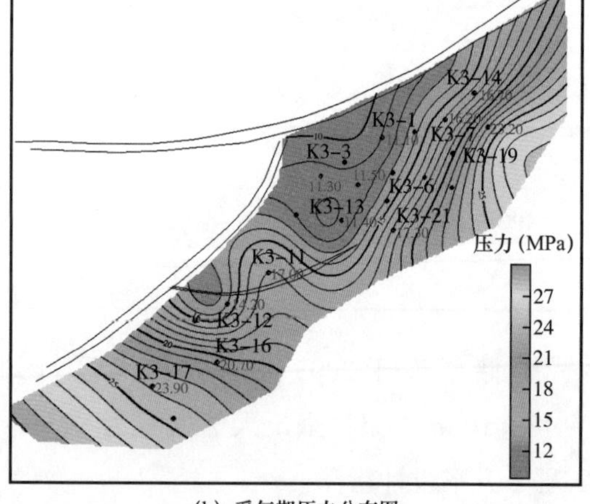

(b) 采气期压力分布图

图 3–26　气库注采气期压力平面分布图

2. 局部断层具有遮挡作用

B 储气库内部在 K3–11 井附近存在一条北东东向小断层，断距为 9m，K3–11 井和 K3–12 井位于该断层的南北两侧，且两口井射开层位均为板 2 油组 1～2 小层，气库运行初期两井一直未注采生产。通过气库运行不同周期测静压数据绘制的压力变化曲线看（图 3–27）：K3–11 井区静压随着气库注采生产而发生规律性波动，而 K3–12 井静压基本保持总体上升趋势，可以证明气库内部断层对气库整体起到遮挡作用，断层西侧没有有效注采，影响了气库整体库容利用程度及调峰能力的发挥。

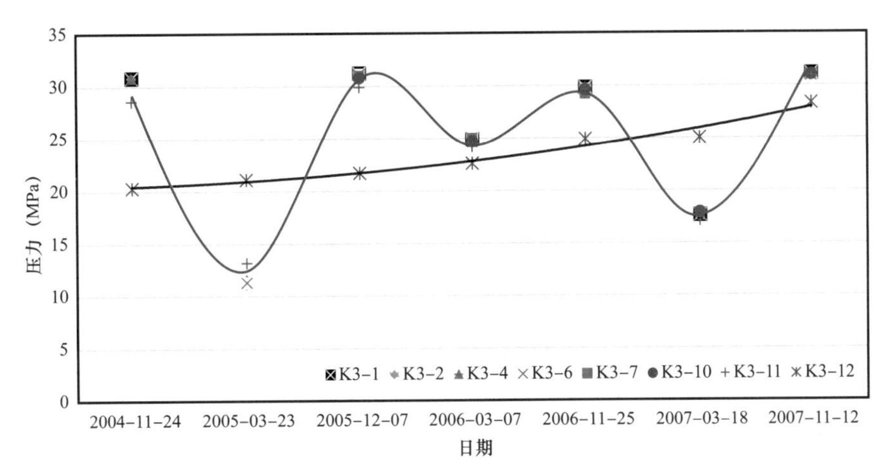

图 3-27　气库不同时间压力变化关系图

（二）日常运行规律研究

1. 储气库日调峰采气规律

从储气库近5年日采气生产数据绘制的储气库日采气量随时间变化关系曲线看（图3-28），储气库日调峰运行形态呈现出类似抛物线状，即气库初期投入运行10～20天即达到高峰期，高峰产量维持30～40天后进入递减，递减期一般在60天左右呈线性递减。整体看，在储气库120天调峰采气期内，前60天以高产稳产为主，后60天为线性递减至调峰期结束，这个运行特点是与华北地区天气变化引起的市场用气需求呈正相关的。

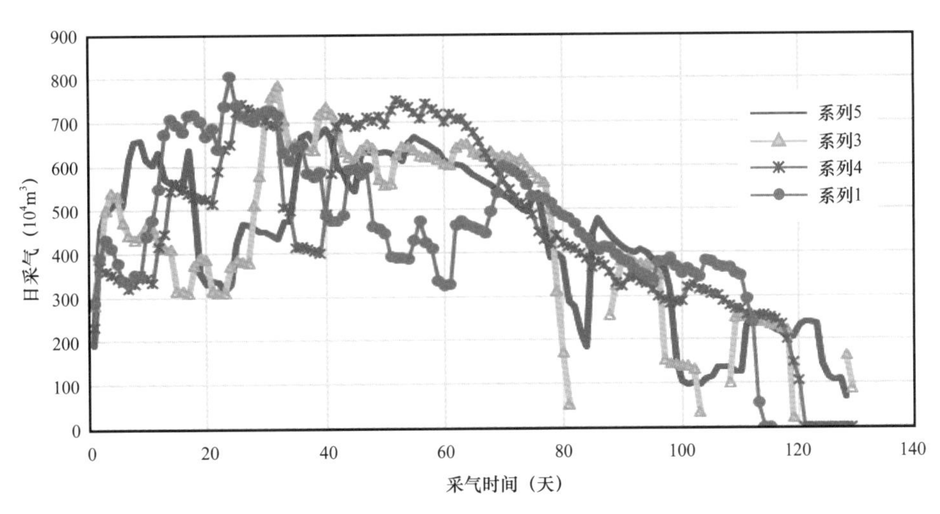

图 3-28　B储气库日调峰产量曲线

气库实际抛物线形日调峰产量曲线与方案设计的钟形日调峰采气模型（图3-29）出现不一致现象，如继续按原方案设计进行，势必影响气库调峰运行安排，易造成初期调峰能力安排不足，而后期调峰能力安排有余，不能发挥储气库最优化调峰运行能力。

2. 调峰采气计算方法

研究储气库日调峰采气量的变化形态，有利于较准确预测储气库实际日调峰气量，指导现场实际生产运行安排，保障储气库合理采出工作气量。

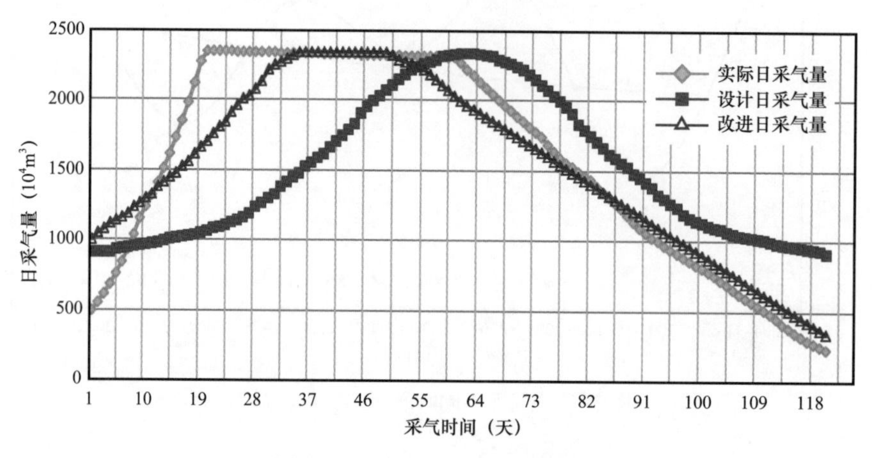

图 3–29　储气库日采气模式图

参考马小明等于 2013 年在《天然气工业》上发表的《地下储气库调峰产量与采气井数设计技术》，沿用了在国内第一次提出的地下储气库日调峰产量的设计理念与技术思路，对储气库仿真采气模型进行重新修正，建立了储气库仿真采气物理模型，并在此基础上建立了归一化数学模型，实现了地下储气库日调峰产量的合理计算。

（1）选取代表性的储气库单周期或多周期采气曲线，进行统计性回归，建立储气库仿真采气模式曲线。

（2）以采气期为时间域，以天为时间单元，以日产量为单元产量，以时间域内单元产量的累计值为工作气量，即累加日产气量为工作气量，建立储气库采气物理模型（图 3–30）。需特别指出，不同市场用气户，其需气量曲线并不相同，建立的储气库采气物理模型不同，但建立的方法是相通的。

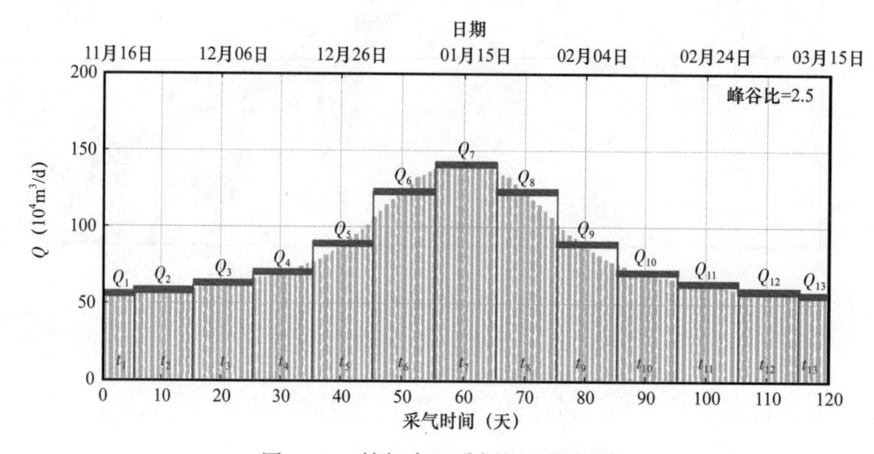

图 3–30　储气库日采气物理模型图

（3）建立地下储气库日调峰产量计算公式。在储气库采气物理模型的基础上，应用微积分原理建立数学模型，计算公式为

$$q_i = \frac{G}{m_1 t_1 + m_2 t_2 + \cdots + m_n t_i} \tag{3-1}$$

式中 G——工作气量，即采气期累计产量，$10^8 m^3$；

q_i——第 i 天日采气量，$10^4 m^3/d$；

t_i——采气时间，天；

i——任一采气时间单元；

n——总采气单元数，天；

m——高峰期日采气量与低谷日采气量比值。

应用该方法针对新的抛物线形日调峰产量曲线进行日调峰产量与采气井数核算，取得符合实际的调整参数。

3. 气库合理井数评价

应用改进日调峰运行模式与建立的计算方法，结合已有采气井采气能力，按方案设计 $950 \times 10^4 m^3/d$ 调峰气量进行预测，计算储气库最大调峰气量时所需合理采气井数为 24 口，与储气库目前注采井数 20 口相比，还需要增加 4 口新井才能实现方案设计调峰采气能力。

（三）单井采气能力分析

1. 单井产能逐渐增加

将产能试井资料整理统计，计算原始压力下气井无阻流量，计算结果见表 3-8。从计算结果可以看出，早期试井资料计算的无阻流量值均比后期试井无阻流量值低，由此说明凝析油气藏改作地下储气库后，随着凝析油气藏重质组分的不断采出和回注干气的不断补充，地层的渗流条件不断变好，相同地层压力下产气能力呈不断增加趋势。

表 3-8 气库历年试井结果对比表

年份	产能方程	无阻流量（$10^4 m^3/d$）
2002	$p_R^2 - p_{wf}^2 = 0.4285q_g + 0.0094q_g^2$	257.00
2005	$p_R^2 - p_{wf}^2 = 0.4285q_g + 0.0094q_g^2$	278.21
2009	$p_R^2 - p_{wf}^2 = 1.9585q_g + 0.0018q_g^2$	358.84

注：p_R—地层压力，MPa；p_{wf}—井底流压，MPa；q_g—气井产量，$10^4 m^3/d$。

2. 气井含水降低了采气能力

气井采气能力受注采井所处位置影响较强，处于构造高部位、储层发育较好、不含水的井注采能力强，而在构造低部位水侵区井受侵入水影响明显。从单井采气量与产水量关系曲线（图 3-31）看，随产水量增加产气量下降幅度明显。

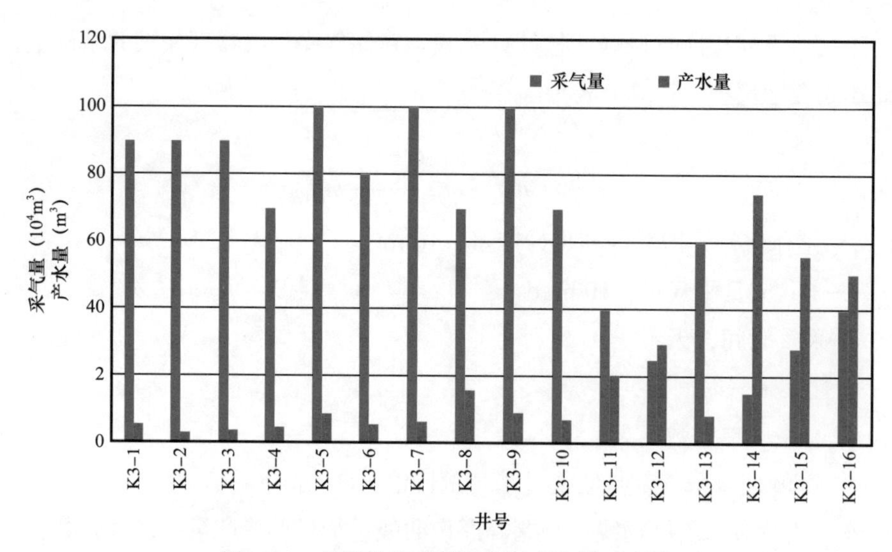

图 3-31　气库单井采气能力与产水量对比图

以 K3-11 井为例，该井处于 BZ 气库中部断层附近低部位水淹区，同时与其相邻注采井距离较远，无法形成有效连通区域。从采气期日采气与水气比变化关系可以看出（图 3-32），采气初期产水量少产气能力较强，可以达 $20\times10^4m^3/d$，随着采气时间延长，当水气比呈上升到 $3m^3/10^4m^3$ 时，产气量下降到 $10\times10^4m^3/d$。由此可看出，气井产气量能力随产水增加下降明显，当水气比＞$2m^3/10^4m^3$ 时气井采气能力下降到原来的 1/2，当水气比达到 $5m^3/10^4m^3$ 后气井采气能力仅为原来的 1/4，可见产水对气井采气能力影响十分严重。

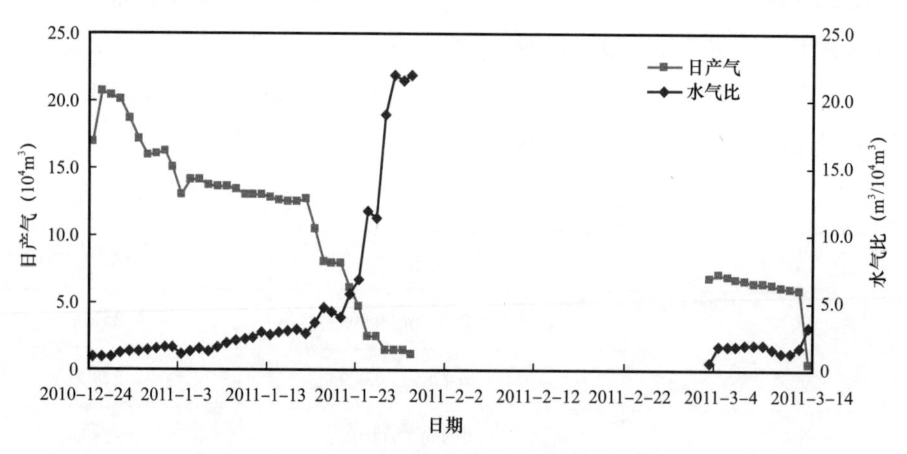

图 3-32　K3-11 井日采气与水气比变化关系图

3. 含水气井产能预测方程

应用气井试井资料确定的拟稳定流动状态气井产能方程为

$$p_{\mathrm{R}}^{2}-p_{\mathrm{wf}}^{2}=Aq+Bq^{2} \tag{3-2}$$

其中，系数 A、B 的表达式分别为

$$A=\frac{1.291\times10^{-3}T\overline{\mu}\overline{Z}}{K_{rg(S_{wi})}h}\left(\ln\frac{0.472r_e}{r_w}+S\right) \tag{3-3}$$

$$B=\frac{2.282\times10^{-21}\beta\gamma_g\overline{Z}T}{r_w h^2} \tag{3-4}$$

式中 p_R——地层压力，MPa；

p_{wf}——井底流压，MPa；

q——产气量，$10^4m^3/d$；

T——气藏温度，K；

$\overline{\mu}$——平均天然气黏度，mPa·s；

$\overline{Z}$——平均天然气压缩因子；

$K_{rg(S_{wi})}$——地层束缚水饱和度下的气相相对渗透率，mD；

h——气藏地层厚度，m；

r_e——气井供给半径，m；

r_w——井筒半径，m；

S——表皮系数；

β——非达西流动系数，$MPa^2/(m^3/d)^2$。

二项式产能方程的系数 A 为层流系数，B 为紊流系数。由式（3–3）和式（3–4）可知系数 A 与气相相对渗透率有关，是一个随含水饱和度变化而变化的值，而 B 值受含水饱和度变化的影响较小，基本上可以考虑为定值，因此只需对系数 A 进行修正。

带水生产的气井的二项式产能方程系数 A' 表达式为

$$A'=\frac{1.291\times10^{-3}T\overline{\mu}\overline{Z}}{K_{rg(S_w)}h}\left(\ln\frac{0.472r_e}{r_w}+S_t\right) \tag{3-5}$$

式中 $K_{rg(S_w)}$——某含水饱和度下气相相对渗透率，mD；

S_t——受水影响综合表皮系数。

将 A 与 A' 的表达式相除，整理得

$$A'=\frac{K_{rg(S_{wi})}}{K_{rg(S_w)}}\times\frac{\ln\frac{0.472r_e}{r_w}+S_t}{\ln\frac{0.472r_e}{r_w}+S}\times A \tag{3-6}$$

气井的水气比定义为：每产出标准状态下 10^4m^3 天然气生产的水量（m^3）。井底分流率的定义：井底产出自由水量占井底流动条件总流体产量的比值，因此真正来自孔隙的自由水应该扣除凝析水。基于此分析，气井的含水分流率可定义为

$$f_w=\frac{\mathrm{WGR}-R_{wgr}}{\left(\mathrm{WGR}+R_{wgr}\right)+10000\times B_{g(p_{wf})}} \tag{3-7}$$

式中　WGR——生产水气比，$m^3/10^4m^3$；

R_{wgr}——凝析水气比，$m^3/10^4m^3$；

f_w——含水分流率；

$B_{g(p_{wf})}$——气体体积系数。

水的分流率的另一种定义为地层中任意一点的水流量与总流量的比值，则不同气相渗透率下的分流率的计算式为

$$f_w = \frac{1}{1+\dfrac{\mu_{w(p)}K_{rg(S_w)}}{\mu_{g(p)}K_{rw(S_w)}}} \tag{3-8}$$

式中　K_{rg}——气相相对渗透率；

K_{rw}——水相相对渗透率；

μ_g——气相黏度，mPa·s；

μ_w——水相黏度，mPa·s。

结合气水相对渗透率与生产水气比的变化关系式，可得气相相对渗透率 $K_{rg(S_w)}$ 与水气比 WGR 的关系，结合 A' 计算式，可得产水气井二项式产能方程的修正系数 A' 与 WGR 的关系式：

$$A' = \frac{K_{rg(S_{wi})}}{a\ln\dfrac{10000\times B_{g(p_{wf})}\mu_{g(p)}}{\left(\text{WGR}-R_{wgr}\right)\mu_{w(p)}}+b}\frac{\ln\left(\dfrac{0.472r_e}{r_w}\right)+S_t}{\ln\left(\dfrac{0.472r_e}{r_w}\right)+S}A \tag{3-9}$$

以 B 储气库 X 气井为例，计算地层压力 30MPa 时，无水时无阻流量为 $34\times10^4m^3$（图 3-33），当水气比为 $10m^3/10^4m^3$ 时，无阻流量为 $10\times10^4m^3$（图 3-34），含水产能降低 70%；合理压差下单井产量为 $6\times10^4m^3$。恰恰与该井与实际产量 $5.5\times10^4m^3$ 相符。

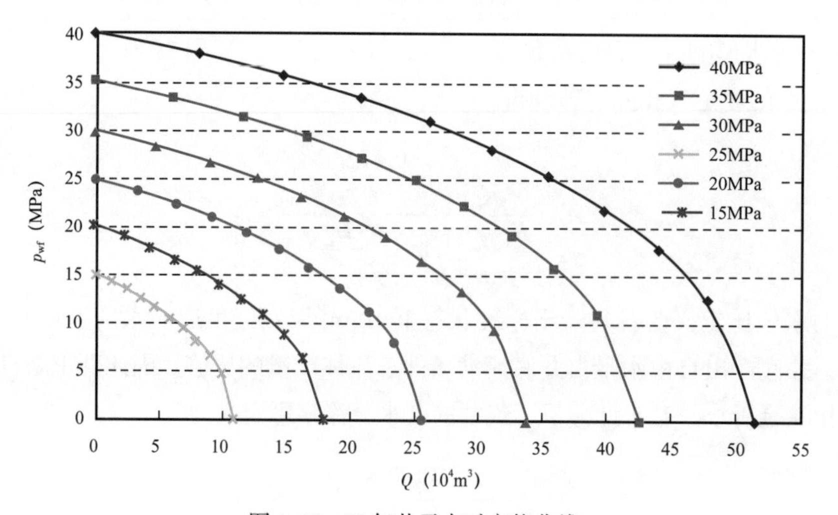

图 3-33　X 气井无水时产能曲线

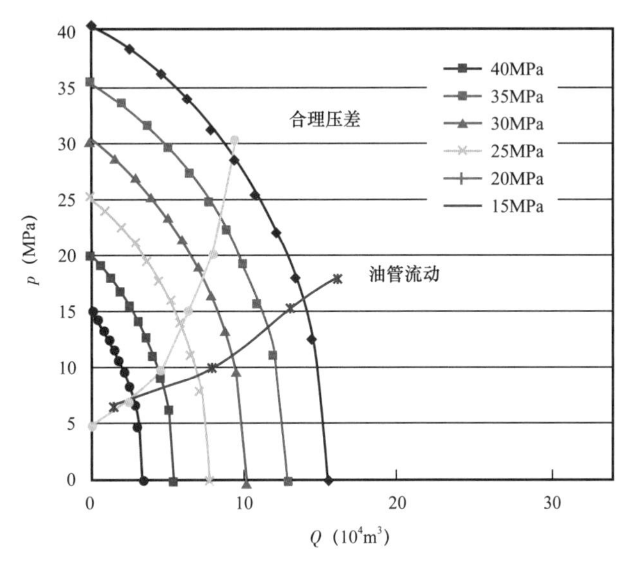

图 3-34　X 井水气比为 $10m^3/10^4m^3$ 时产能曲线

（四）库容变化规律分析

1. 库容变化规律

根据气库生产运行过程中测得压力数据及注采气量，可以绘制气库不同运行周期，气库地下库存量与压力变化曲线（图 3-35）。从气库容量变化关系曲线可以看出：气库库容随着注采周期的增加而逐步呈增大趋势。目前采气期末 BZ 气库地下库存量增加了 $13.18 \times 10^8m^3$，形成了 $22.0 \times 10^8m^3$ 的库容，接近方案设计值。近两年，尽管采取调控措施但库容没有明显变化，表明目前井网条件下库容增长缓慢。

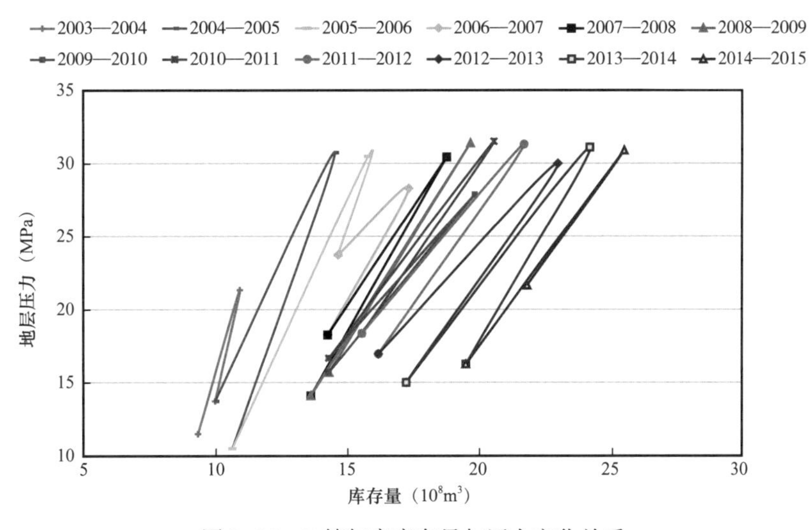

图 3-35　B 储气库库存量与压力变化关系

理论上认为，储气库地下库存量与压力变化关系应该是以库容设计线性为中心的一个椭圆形重合曲线，而 BZ 气库则表现为类似平行的不断向外扩张现象，后期曲线有重合趋势。分析认为：主要原因是水淹气藏改建的储气库，其地下孔隙空间内不仅是气体，且还有大部分空间被水体占据，造成地下孔隙内气水关系复杂。注采气过程主要是气水过渡带往复变化过程，注气过程中气水过渡带向外移，注入首先占据大孔隙空间，而采气过程气水过渡带又向内移，侵入水体又可能造成部分小孔隙内气体被阻断，当注入气体压力较高能够持续驱替水体向外推进时，则气库地下存气量也持续增加，表现为库容空间增大并向外扩展。

2. 建立库存量变化诊断模板

根据水淹型气库多年库存量变化关系，可以看出通常储气库达到设计库容需要若干个注采周期才能逐步完成。通过对储气库库存量曲线进行定量评价，并结合气库地质特点和生产管理因素进行综合分析，可以揭示气库由“空库到满库”的库容变化规律，预测和评价气库达到设计库容量所需要的达容周期数。

不同储气库地质特征与状态参数不同，但生产过程基本相同，库存量曲线特征相近，基本符合简化的库存量曲线模式图（图 3–36）。①—② 轨迹线为注气期曲线、②—③ 轨迹线为采气期曲线、①—②—③ 轨迹线为第一周期的注采曲线，反映了气库“注气扩容—采气缩容”与“注气升压—采气降压”的周期特征。同理 ③—④—⑤、⑤—⑥—⑦、⑦—⑧—⑨、⑨—⑩—⑪ 的轨迹线，分别描绘了储气库第二、三、四、五注采运行周期的库存量与压力变化过程，也揭示了储气库由投产时的“空库”到逐步达到方案设计的库容量“满库”的周期变化过程，即生产现场所称的“达容过程”。

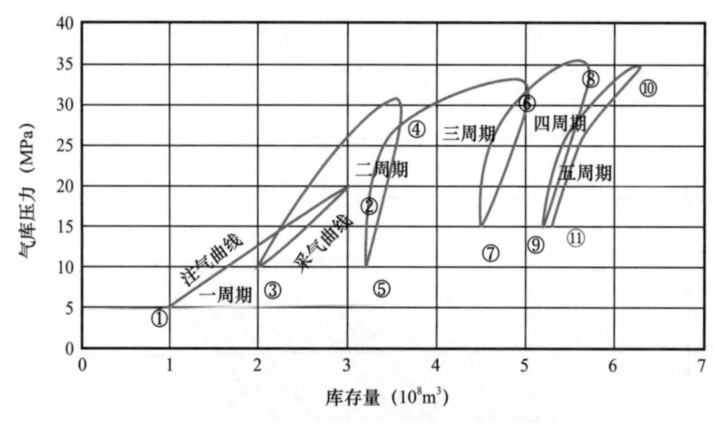

图 3–36　储气库库存量与压力变化模式图

诊断方法：注气曲线与横轴夹角越小（即斜率越小），表明扩容速率越快、压力提升越慢、注气弹性产率越大；注气曲线沿横轴距离越长，表明注气期注入气量越多。注气曲线与纵轴夹角越小、距离越长，表明注气期压力提升越快越多。

采气曲线与横轴夹角越小（即斜率越小），表明缩容速率越快、压力降落越慢、采气弹性产率越大；采气曲线沿横轴距离越长，表明采气期采出气量越多。采气曲线与纵轴夹角越小、距离越长，表明采气期压力下降越快越多。

同一周期内注采曲线下部开口越大，表明周期内累计注气量与累计采气量差值越大，地下存气量越多，气库扩容越多。

3. 水淹型气库库容预测方法

根据水淹型气库库容变化规律，考虑气藏生产过程中水侵量影响，引入水侵体积，建立储气库库存量动态变化的预测方法，实现对该类气库库容变化的预测，为现场人员提供帮助，指导储气库生产运行。

设采气期结束后气库的剩余库容量为 G_r，剩余地层压力为 p_r。注入气量 G_{inj} 后地层压力上升到 p，压力上升量为 Δp^+，$\Delta p^+=p-p_r$，注气导致气库的孔隙体积增加、束缚水体积压缩以及侵入水回退，从而增加了气库容积。

注气时气库的容积关系为

$$V_g=V_{gr}+\Delta V_p+\Delta V_{wc}+W \quad (3-10)$$

式中 V_{gr}——注气前的剩余气所占体积，即为气库的剩余容积，10^8m^3；

ΔV_p——岩石压缩增加的孔隙容积，10^8m^3；

ΔV_{wc}——束缚水压缩增加的容积，10^8m^3；

W——外部水体的回退增加的容积，10^8m^3。

换算成气体体积则公式变形为

$$V_g=G_rB_{gr}+\frac{G_rB_{gr}}{1-S_{wc}}C_f\Delta p^++\frac{G_rB_{gr}S_{wc}}{1-S_{wc}}C_w\Delta p^++W \quad (3-11)$$

式中 B_{gr}——剩余地层压力 p_r 下的天然气体积系数。

$$V_g=G_rB_{gr}\left(1+\frac{C_f+S_{wc}C_w}{1-S_{wc}}\Delta p^++\frac{W}{G_rB_{gr}}\right) \quad (3-12)$$

设 $\omega^+=\frac{W}{G_rB_{gr}}$，定义为气库注气期的退水系数；$C_{fw}=\frac{C_f+S_{wc}C_w}{1-S_{wc}}$，其中 C_{fw} 为岩石和束缚水的压缩系数，转换为一般气藏物质平衡形式：

$$\frac{p}{Z}\left(1+C_{fw}\Delta p^++\omega^+\right)=\frac{p_r}{Z_r}\left(1+\frac{G_{inj}}{G_r}\right) \quad (3-13)$$

式中 Z——压力 p 下的天然气压缩因子；

Z_r——压力 p_r 下的天然气压缩因子。

由于岩石和束缚水的压缩系数远小于气的压缩系数，忽略岩石和束缚水对气藏容积的影响，水驱气库注气期的物质平衡方程简化为

$$\left(\frac{p}{Z}\right)=\left(\frac{p}{Z}\right)_r\left(1+\frac{G_{inj}}{G_r}\right)-\omega^+\left(\frac{p}{Z}\right) \quad (3-14)$$

采气期的物质平衡方程：

$$\left(\frac{p}{Z}\right)=\left(\frac{p}{Z}\right)_{\mathrm{i}}\left(1+\frac{G_{\mathrm{p}}}{G}\right)+\omega\left(\frac{p}{Z}\right) \tag{3-15}$$

对比采气期和注气期的物质平衡方程可见，由于采气期的初始库容量 G 大于注气期的初始剩余库容量 G_r，导致在注采初期（近似定容）的压力变化速率（单位注采气量的地层压力变化，即视压力线斜率）不同，初始库容量越小、压力变化速率值越大，如图 3–37 所示。

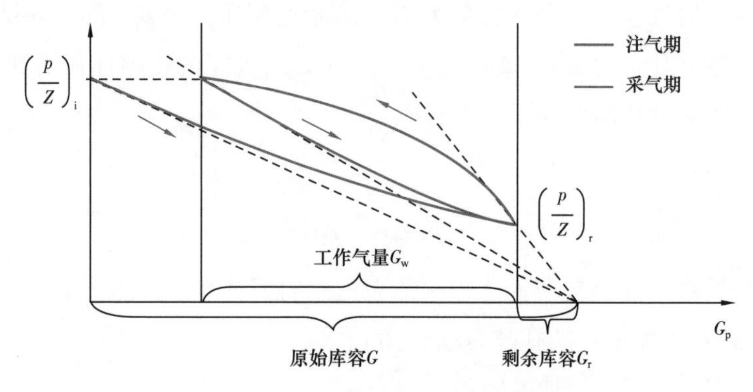

图 3–37　水驱变容储气库视压力曲线

五、结论与建议

通过对 B 储气库 18 年的动态分析可知，储气库整体运行状态较好，由于边水及水体侵入影响，库容及产能变化与定容气库完全不同，因此，水淹型储气库运行主要有以下特点：

（1）气库生产运行证实 B 储气库储层连通好，气井生产能力强，但由于水淹影响造成局部库容控制差，影响库容及工作气能力发挥。

（2）根据气库多年实际调峰运行规律，重新认识并建立了气库日调峰运行模式，相较月不均匀系数法及钟形曲线法，更具有指导性及参考价值，可以为今后储气库设计及运行提供帮助。

（3）气井采气能力受产水影响大，根据实际生产资料建立了不同水气比影响下的气井采气能力预测方法，对气库含水层气井的产能预测及设计具有借鉴性意义。

（4）通过库容变化规律建立的动态库存量变化图版，可以指导气库运行过程中注采部署方案，同时建立了水淹型气库库容计算方法，为今后气库方案及达容设计提供了技术保障。

第三节　西南油气田 X 储气库动态分析

我国气藏型储气库的建设始于 20 世纪 90 年代，主要为枯竭气藏改建而来，以天然气调峰平谷为主要目的。储气库运行具有“大吞大吐，交变注采”的特点，特别受冬季保供的巨大需求，采气速度往往是气藏开发阶段的10～20倍。此外，气藏型储气库通常一年完成一次注采循环，全生命周期内反复加压、卸压超过50次，这些都明显有别于常规气藏开发。随着我国天然气对外依存度的逐年攀升，以及国际形势剧变和极端天气的影响，地下储气库作为保障国家能源安全的重要设施发挥着不可替代的作用。从国内储气库的建设现状来看，我国已经投运的28座储气库形成工作气量约为$115 \times 10^8 m^3$，总体采气规模为$1.2 \times 10^8 m^3/d$，为国家的冬季保供做出了重要贡献。其中，以XGS、呼图壁为代表的气藏型储气库工作气量占总工作气量的90%以上，是我国储气库近期以及未来一段时间建设运行的主力军。然而，由于我国地质条件复杂，普遍具有构造破碎、埋藏深、储层非均质性强等特点，加之我国储气库建设相对国外起步较晚，运行经验不足等原因，目前评价投运储气库还未完全达到设计指标。因此，针对投运储气库开展科学的动态分析，以及适时采取优化对策，是保障储气库的运行安全、发挥储气库的最大供气能力的关键，具有重要的现实意义。

一、地质特征

（一）区域构造特征

X气田位于重庆渝北区境内，区内为山区地形，北高南低，海拔一般在400～820m，最高达1000m。其构造属川东南中隆高陡构造区华蓥山构造群，是华蓥山背斜带往南帚状分支中最东部的一受倾轴逆断层控制的断垒型狭长背斜，其东翼断层下盘为向东潜伏构造。构造走向为北北东向，构造位置及特征如图3-38所示。

X构造地面无断层，断层主要发育于二叠系、三叠系中。X构造已查明的大、中、小不同落差的断层共90条，均为逆断层，走向与构造走向一致，为北东向。

纵向上，三叠系须底以上的浅层构造，构造形态简单，断裂不发育，断层少，落差小，延伸长度较短。平面上，较大规模的断层常与构造高带伴生，同向排列展布，规模较小的断层则多位于局部构造两翼或构造较缓部位。主干断层主要位于构造主体部位，落差大（3000m以上），延伸远，横跨整个研究区。

X构造石炭系地层沉积后因遭受风化剥蚀，残存黄龙组，其顶部与上覆梁山组铝土质泥岩呈不整合接触，底部与中志留统韩家店组含砂质泥页岩呈不整合接触，主要发育有角砾云岩、泥晶云岩、亮晶生物灰岩、泥晶及亮晶球粒灰岩、去云化粗粉晶—粗晶灰岩等组合，以角砾云岩、细粉晶云岩为主。储层横向连续分布，厚度自北向南逐渐减薄，北部储层最厚，一般为6～14m；中部次之，厚度小于10m，南部厚度小于8m。储层段岩石类型主要以角砾白云岩为主，包括膏溶角砾、沉积角砾和少量构造角砾，夹薄层生物灰岩、藻云岩、粉晶云岩及粉晶灰岩等。

（二）储集空间类型与分类

储集空间类型为裂缝—孔隙型气藏，孔、洞、缝均发育，孔隙类型以藻架孔、晶间（溶）孔为主。X石炭系裂缝主要类型有成岩缝、溶蚀缝及构造缝。成岩缝宽度小、密度大、方向性强，仅分布于角砾之中而不穿过角砾。裂缝充填物包括方解石，也有泥质及有机质，证明裂缝的形成时间是在岩石最后胶结以前。

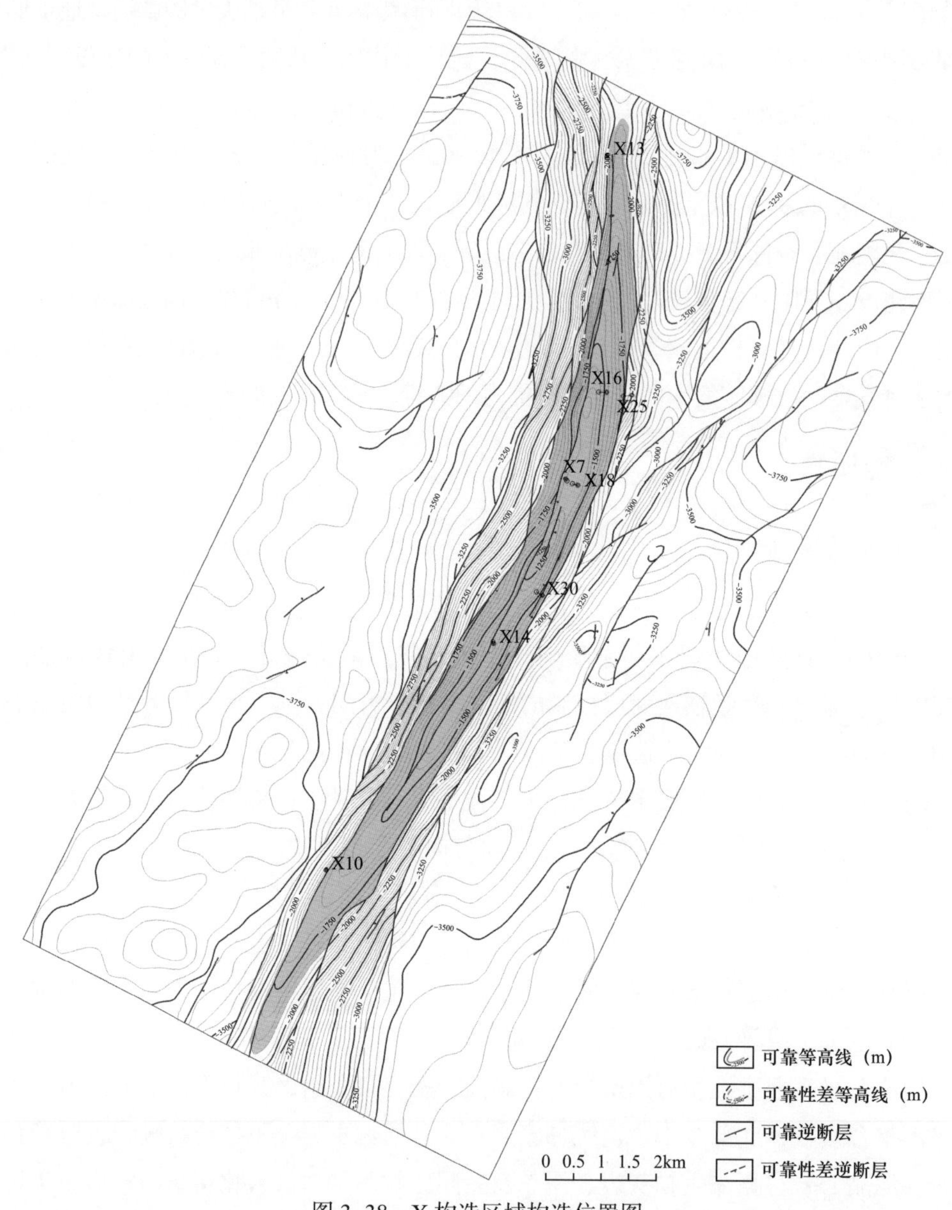

图 3–38　X 构造区域构造位置图

X 储气库石炭系储层物性好，单井平均孔隙度为 5.39%～9.58%，气藏孔隙度平均值为 7.26%，根据试井资料，渗透率最高为 1200mD，平均试井解释渗透率为 243mD，具有高渗特征，气藏井间连通性好。按照石油天然气行业中碳酸盐岩储气层级别划分表，将 X 储气库石炭系储层分为四类，其中Ⅰ＋Ⅱ类优质储层的比例达到 68.8%。

（三）储层温压特征与天然气性质

X 石炭系气藏气质纯，天然气组分以甲烷为主，其含量介于 97.05%～98.14%，非烃含量低，不含或微含硫化氢，二氧化碳含量只有0.1%～0.36%（2.67～5.27g/m^3），气藏原始地层压力为28.7MPa。气藏压力系数为1.24，属常压气藏。改建储气库前，全气藏关井，测得平均地层压力为2.39MPa，对应的压力系数由开采初期的1.24降低到0.1。气藏中部海拔 –1644m，气藏温度为338.4K（65.3℃），地温梯度在0.7℃ /100m左右。

二、储气库基本运行参数

X储气库设计指标上限压力为28MPa，下限压力为13MPa（井口运行下限压力为8MPa），库容量为$42.6\times10^8m^3$，工作气量为$22.8\times10^8m^3$，垫底气量为$19.8\times10^8m^3$。注采井网设计生产井共21口，其中注采井19口，采气井2口，监测井网设计监测井6口（表3–9）。监测井6口，满足北部水体、上覆盖层（栖霞组和茅口组）、浅层（嘉五段）、④号断层以及储气库内部储层的监测功能。

表3–9　X储气库监测井情况统计表

序号	井号	监测功能
1	XJ1井	石炭系储层北端水体监测
2	XJ2井	盖层（嘉五段）监测
3	XJ3井	④号断层监测
4	XJ4井	盖层（栖霞组）监测
5	XJ5井	盖层（茅口组）监测
6	XC10井	石炭系储层监测

三、开发历程及注采现状

（一）注采运行概况

X储气库项目于2010年2月启动前期工作，2011年10月开工建设，2013年6月开始注气，2014年12月调峰采气。截至2021年6月，通过试运投产、大规模注气、注满垫底气、调峰采气和应急采气等，基本实现达容达产。

X储气库目前正在运行第九个注气期（图3–39），截至2021年3月，储气库经历“八注七采”，共15口注采井投产，累计注气量为$106.28\times10^8m^3$，累计采气量为$85.94\times10^8m^3$。

（二）监测井运行概况

按照动态监测计划，每日录取各监测井的井口和井底的压力、温度等资料。储气库注采运行期间，各监测井均未出现压力、温度异常现象，气库密封性好。目前，储气库在运行监测井压力情况见表3–10。

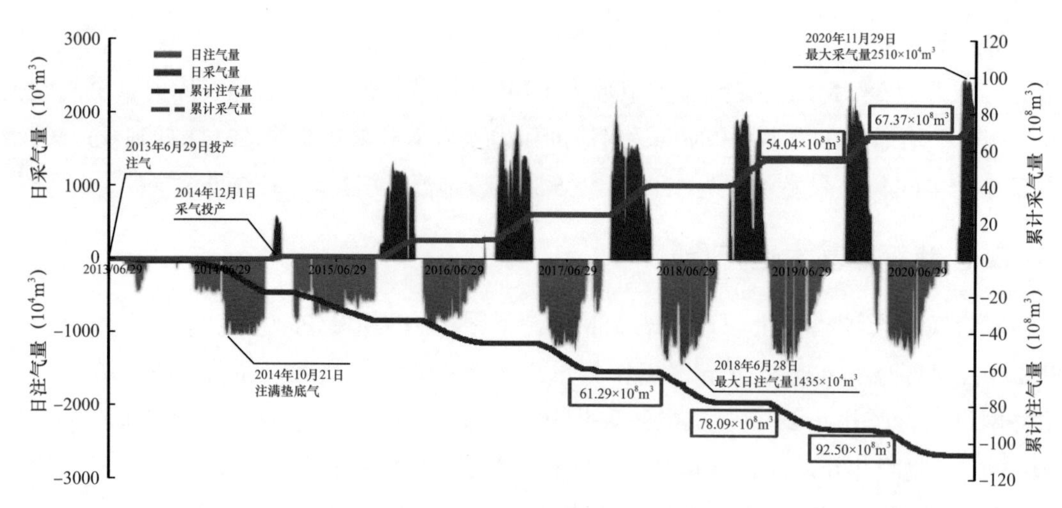

图 3-39　X 储气库历年注采运行曲线图

表 3-10　X 储气库监测井压力统计表（截至 2021 年 3 月底）

序号	井号	井口		井下	
		油压（MPa）	套压（MPa）	压力（MPa）	温度（℃）
1	XJ1 井	16.64	16.14	19.683	72.25
2	XJ2 井	0	0	—	—
3	XJ3 井	3.40	3.41	4.949	56.61
4	XJ4 井	3.2	3.16	3.731	52.53
5	XJ5 井	2.51	—	2.941	47.55
6	XC10 井	11.83	9.66	14.314	62.44

四、储气库注采动态分析

（一）注采井注采能力较强，储气库运行期间单井注采量大

X 储气库投产以来，开展多口井多轮次注采能力测试，监测获取的数据质量良好，为产能评价奠定良好基础（图 3-40）。

基于井下注采能力测试获取的数据，建立了各注采井二项式产能方程，通过测试得到的各注采井注气、采气二项式产能方程，结合注采井井身结构，通过节点分析制作了注采井不同注采阶段和不同地层压力下的注采能力分析图版，通过该图版可评价储层渗流能力和井筒的搭配关系，得到注采井不同地层压力、井底压力和井口压力下的注采气量。

由 XC7 井注采能力分析图版可以看出（图 3-41），两口井在注气过程中油管尺寸和储层吸气能力搭配较好，但采气过程中油管大大限制了采气能力的发挥。

同时，考虑注采井注采过程中油管受气流冲蚀的影响，形成了注采井不同地层压力下的油管注采抗冲蚀能力分析图版，如图 3-42 所示，为评价储气库注采能力及注采井优化部署提供了技术支撑。

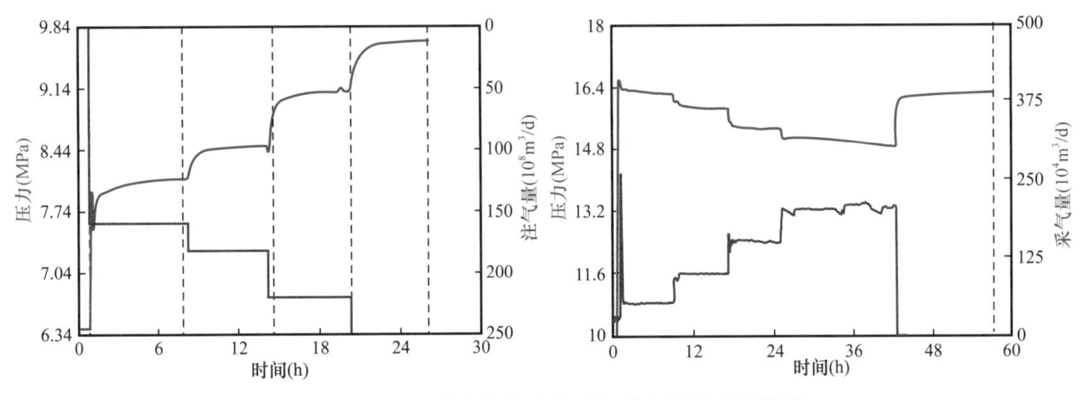

图 3-40　XC1 井注气能力与采气能力测试实测数据

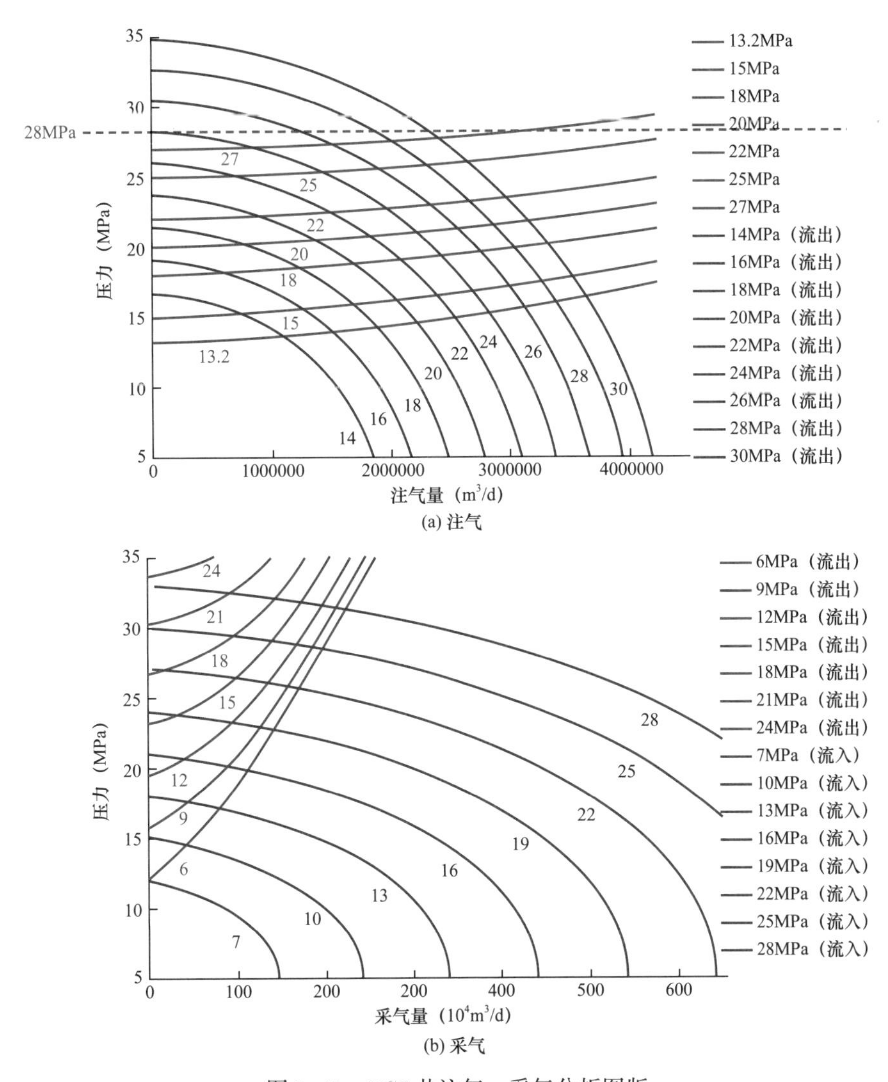

图 3-41　XC7 井注气、采气分析图版

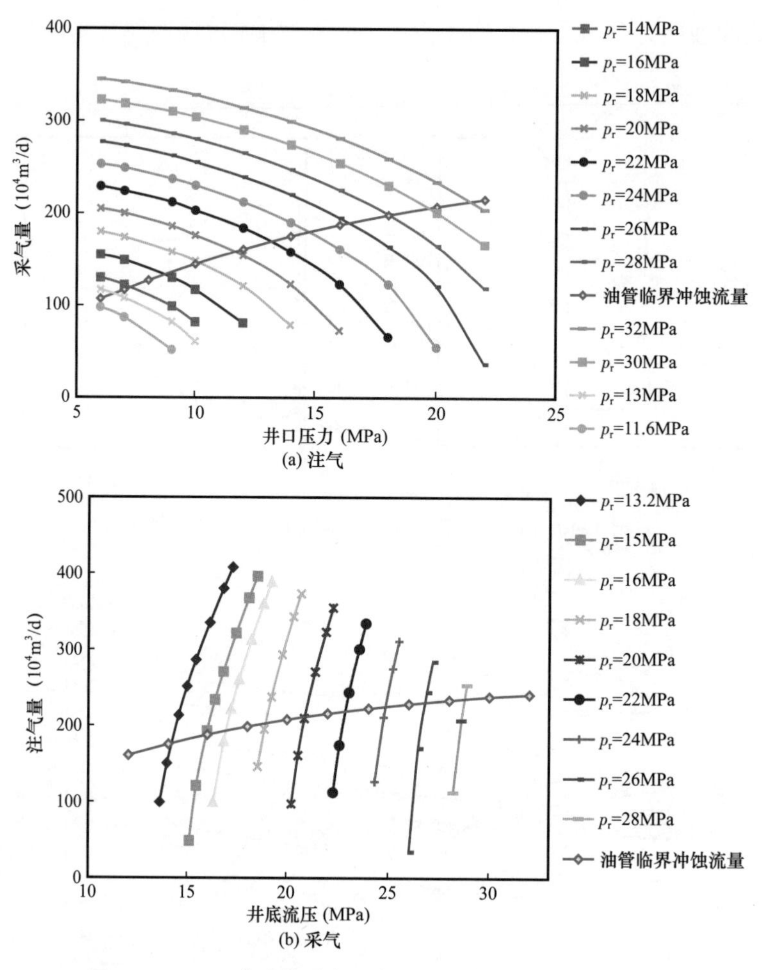

图 3–42　XC7 井油管采气注气、采气抗冲蚀能力分析图

储气库各注采井整体注采能力较强，但各注采井注采能力有一定差异，中部注采井无阻流量大多在 $750\times10^4m^3/d$ 以上，平均为 $863\times10^4m^3/d$；两端边部注采井为 $36.3\times10^4m^3/d$～$260\times10^4m^3/d$；15 口注采井中 13 口井实际采气量大于 $100\times10^4m^3/d$。储气库注采井采气能力如图 3–43 所示。

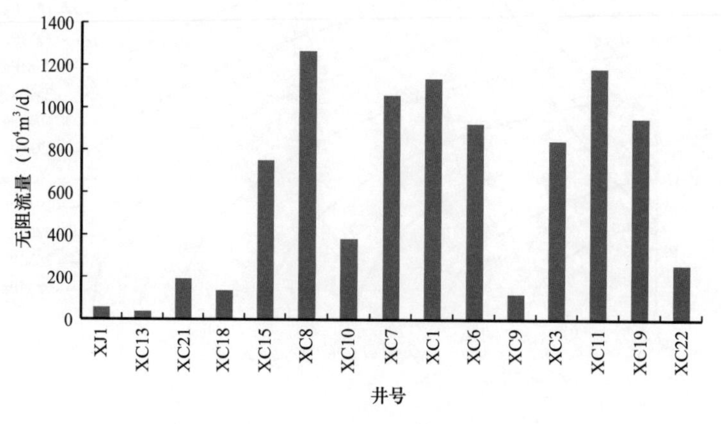

图 3–43　储气库注采井采气能力柱状图

（二）储气库各井之间连通性较好

通过对储气库平衡期井下压力测试数据对比，可以看出储气库基本实现了均衡注采（图 3-44）。2014 年，注气井主要集中在储气库中北区，且平衡期较短，11 月平衡期末，中北区地层压力明显高于南区。2015 年开始，南区注采井投运，基本实现均衡注气，平衡期末各井点地层压力基本相同。2016 年，因采气期采气量较大，平衡期短（20 天），各注采井压力差在 1MPa 以上。

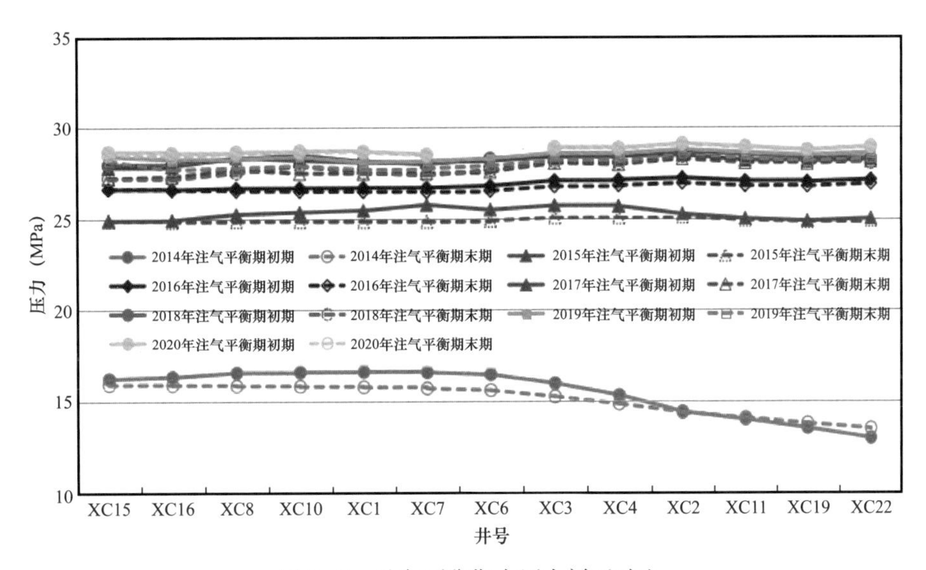

图 3-44　注气平衡期末压力剖面对比

数值模拟显示储气库压力已基本动用，采气期末储气库压力分布较为均匀（图 3-45），各井间连通性好，井间压力响应速度快。

（三）储气库运行期间未表现出水侵特征，水体不活跃

1. 开发阶段边水封闭有限，水区压力不断下降

X 石炭系气藏为边水气藏，受构造和岩性的复合控制，边水与外界不连通，动态上表现为水体不活跃。水井 X13 井以及之后见水的 X10 井、X12 井历次下压力计实测资料表明，随着气区开采压力下降，水区压力也在不断下降。

2. 水体储量小、能量弱

根据气藏开发阶段有水气藏物质平衡方程线性求解法求得气藏水体储量为 $621 \times 10^4 m^3$，按地层压力从原始地层压力下降到目前地层压力计算，

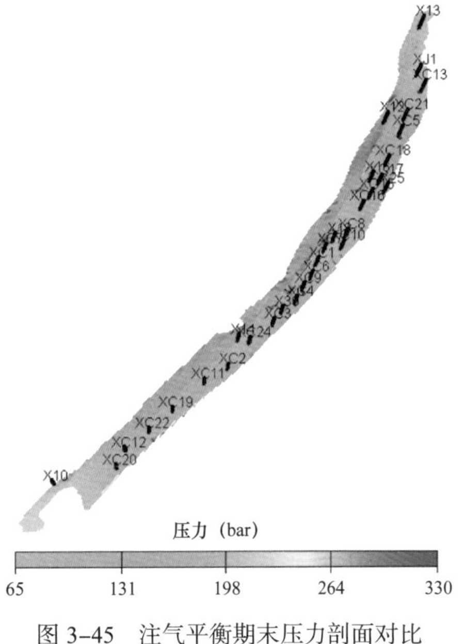

图 3-45　注气平衡期末压力剖面对比

膨胀能量为 $7\times10^4m^3$ 左右，约占地下储集空间的 0.4%。因此，水侵也不会对地下储集空间造成大的影响。

3. 压降曲线未表现水侵特征

气藏压降储量图显示视地层压力与累计产量基本呈直线关系，后期无明显上翘，表现出边水能量不大，水侵弱，对气藏开采无明显影响的特征，气藏驱动类型以弹性气驱为主。

4. 储气库运行期间，监测井未表现水侵特征

储气库运行期间注采井未见水，且北部水体监测井压力、温度等均未发现异常（图 3-46，图 3-47）。库容量复核表明库容未发生明显变化，压降方程呈线性关系。

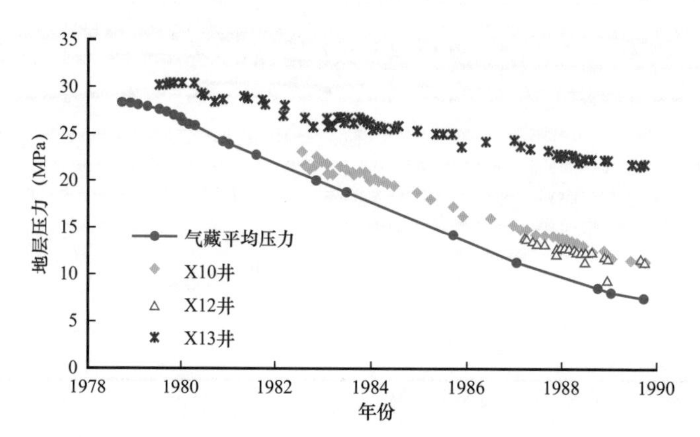

图 3-46　X 石炭系气藏及各观察井压力下降曲线

压力统一折算至原始气水界面 -1986m

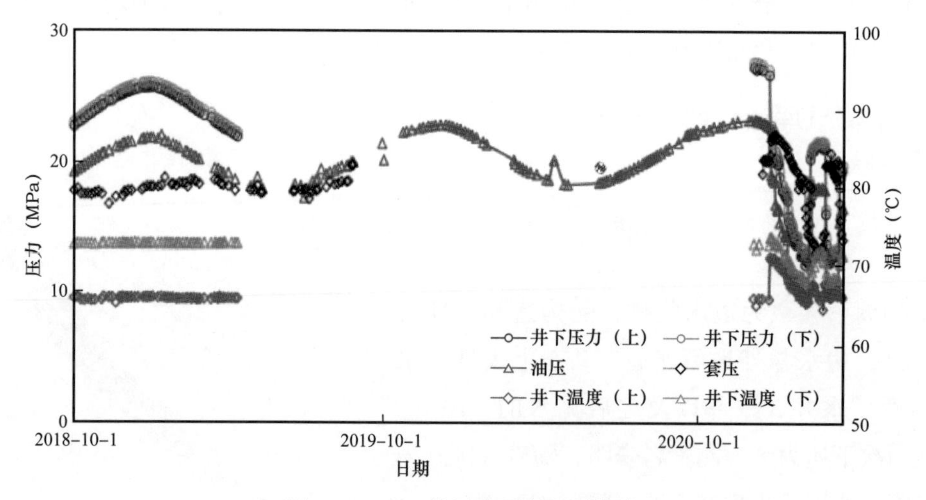

图 3-47　XJ1 井压力温度监测曲线

根据上述资料分析，X 储气库无论从水体能量角度，或从水侵对地下储集空间影响角度，或从水侵强度角度考虑，地层水均未对气库的库容和调峰能力造成大的影响。但在北部新井投产后还需持续加强边水活动性动态监测和资料录取工作，跟踪分析地层水对储气库的影响。

（四）库容动用效果分析

1. 建立储气库物质平衡盘库方法，完成了 X 储气库“八注七采”的库容复核

在枯竭型地下储气库注采运行过程中，由于地层水或边水侵入后占据了一定的孔隙空间，凝析气反凝析损失也会占据一部分孔隙空间，同时由于储气库储层的非均质性，存在低渗难动用储层，从而减少了可动含气孔隙体积。建库后多周期运行过程中气体流动主要对象仍然是以大孔道为主，微细孔道难以有效驱替，有效供气半径减小，从而降低了注采井网对储层的控制程度，使得部分气体不能及时动用。为此，提出了可动用库容量概念（其模型如图 3-48 所示），即注采气阶段压力波及范围内能有效动用的库容量。库容分为可动用库容和不可动用库容两部分，彼此间相互作用和转化，随着注采井网及注采方式进一步完善，可动用库容量增加，动用程度也随之提高。

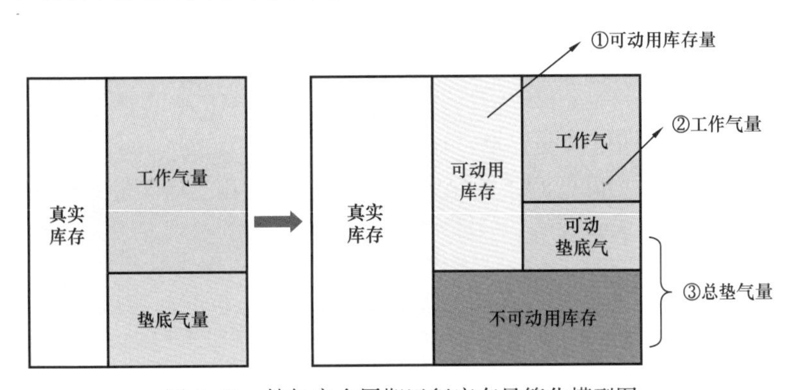

图 3-48　储气库多周期运行库存量简化模型图

在应用物质平衡方法建立可动用库容量及可动含气孔隙体积模型基础上，联立真实气体状态方程，建立了枯竭气藏型储气库盘库模型，为盘库分析奠定坚实的理论基础，同时为国内同类型地下储气库建设和生产运行管理提供科学依据。

对于由枯竭型气藏改建的地下储气库，忽略岩石和束缚水弹性膨胀作用，假设注采气量与视地层压力在一个注采周期内满足定容压升降方程，建立了可动用库容量数学模型：

$$G_{\mathrm{rm}(i-1)}=\frac{(-1)^{i}Q_{(i)}}{\left(\dfrac{p}{ZT}\right)_{(i-1)}-\left(\dfrac{p}{ZT}\right)_{(i)}}\left(\frac{p}{ZT}\right)_{(i-1)} \tag{3-16}$$

式中　$G_{\mathrm{rm}(i-1)}$——某周期初可动用库容量，$10^8\mathrm{m}^3$；

$Q_{(i)}$——某周期注采气量，$10^8\mathrm{m}^3$；

$p_{(i)}$——某周期末地层压力，MPa；

$T_{(i)}$——某周期末地层温度，℃；

$Z_{(i)}$——某周期天然气压缩因子；

i——注采周期数，其中奇（偶）数分别表示注（采）气周期。

当缺乏高压物性资料时，采用摩尔体积加权得到混合流体密度，根据经验公式计算压

缩因子，然后迭代求解可动用库存量。

将式（3-16）可动用库容量反算到地下储气库地层条件下，得到地下可动含气孔隙体积，数学表达式为

$$V_{m(i)} = \frac{Z_{(i-1)} T_{(i-1)} p_{sc}}{p_{(i-1)} T_{sc}} G_{rm(i-1)} \tag{3-17}$$

式中 $V_{m(i)}$——某周期可动用含气孔隙体积，$10^8 m^3$；

p_{sc}——标准状态下的压力，MPa；

T_{sc}——标准状态下的温度，K。

当地下储气库运行到上限压力时，库内可动用的天然气在地面标准条件下的体积为可动库容量，数学表达式为

$$G_{rmmax(i)} = \frac{p_{max}}{Z_{max} T_{(i)}} \frac{T_{sc}}{p_{sc}} V_{m(i)} \tag{3-18}$$

式中 $G_{rmmax(i)}$——某周期可动库容量，$10^8 m^3$。

当地下储气库运行压力降低到下限压力时，库内可动用的天然气在地面标准条件下的体积为可动垫气量，数学表达式为

$$G_{rmmin(i)} = \frac{p_{min}}{Z_{min} T_{(i)}} \frac{T_{sc}}{p_{sc}} V_{m(i)} \tag{3-19}$$

式中 $G_{rmmin(i)}$——某周期可动垫气量，$10^8 m^3$。

当地下储气库从上限压力运行到下限压力时采出的天然气量，即地下储气库可动库容量与可动垫气量之差为工作气量，数学表达式为

$$G_{rwork(i)} = G_{rmmax(i)} - G_{rmmin(i)} \tag{3-20}$$

式中 $G_{rwork(i)}$——某周期工作气量，$10^8 m^3$。

当地下储气库运行压力降低到下限压力时，库内天然气在地面标准条件下的体积为总垫气量，即为不可动用库存量与可动垫气量之和，数学表达式为

$$G_{rmin(i)} = G_{r(i)} - G_{rm(i-1)} + G_{rmmin(i)} \tag{3-21}$$

式中 $G_{rmin(i)}$——某周期总垫气量，$10^8 m^3$。

当地下储气库运行到上限压力时，库内天然气在地面标准条件下的体积为总库容，即为工作气量与总垫气量之和，数学表达式为

$$G_{rmax(i)} = G_{rwork(i)} + G_{rmin(i)} \tag{3-22}$$

式中 $G_{rmax(i)}$——某周期总库容量，$10^8 m^3$。

2. 储气库运行平稳，可动库容量逐渐增加

从 X 储气库注采涡轮图（图 3-49）及可动库容量变化图（3-50）可以看出，储气库运行平稳，可动库容量随着多周期注采呈逐年上升趋势。

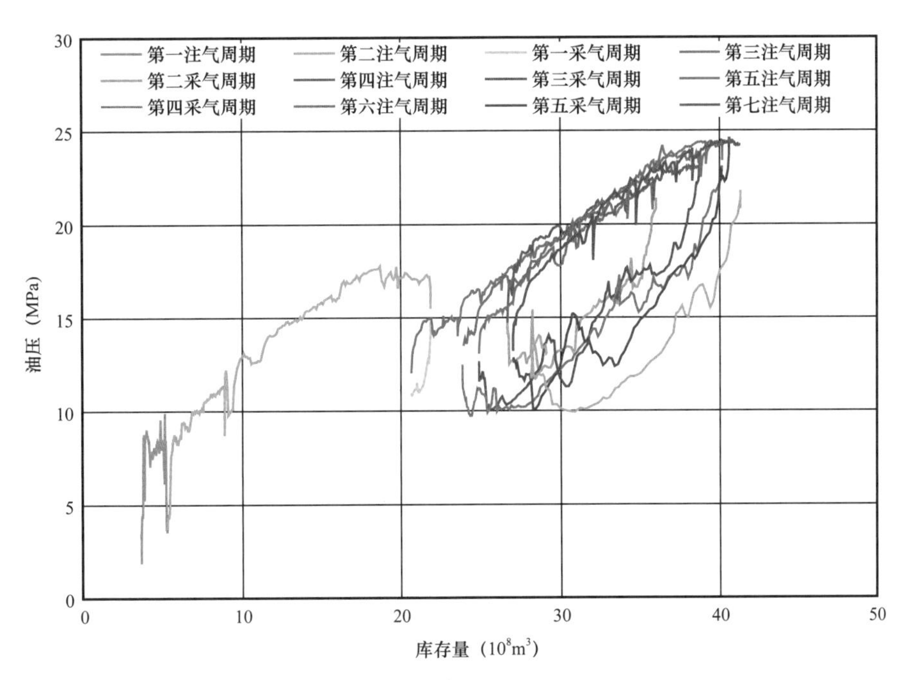

图 3-49　储气库“七注六采”注采运行涡轮图

利用建立的枯竭气藏型地下储气库盘库方法，结合 X 储气库盘库数据，计算目前储气库可动库容量为 $41.62\times10^8m^3$，接近方案设计指标。目前有 6 口新井即将投产，库容动用将得到进一步提升，可动库容量将达到设计库容量。

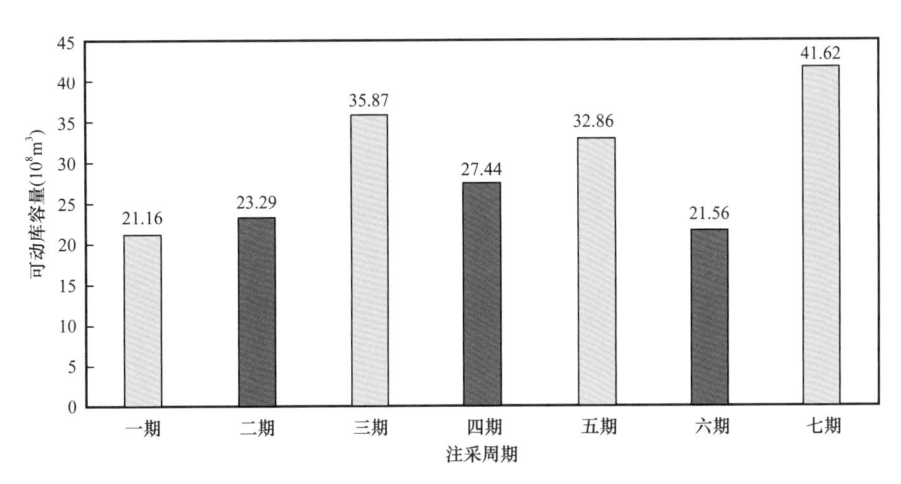

图 3-50　储气库可动库容量变化图

3. 库存量逐渐接近方案设计库容量，随着新井投产将进一步提升

基于 X 储气库“八注七采”注采平衡期井下压力测试数据，制作了储气库达容过程中拟压力—库存量关系曲线（图 3-51），用于计算库存量。从储气库注气平衡期库存量变化关系曲线（图 3-52）分析，随着注采进行，库存量逐渐接近方案设计库容量，库存量已达 $41.84\times10^8m^3$，接近方案设计指标。X 储气库还有 6 口生产井即将投产，待全部井投产后，库存量进一步提升，最终符合方案设计。

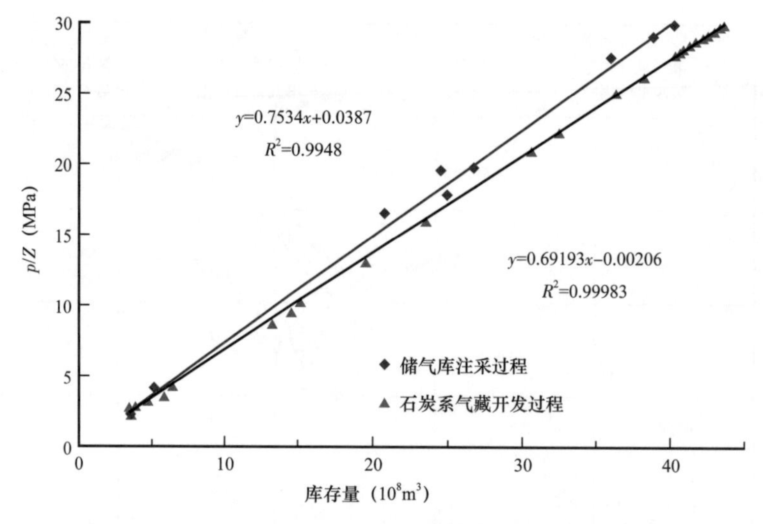

图 3-51　X 储气库“八注七采”拟压力—库存量关系曲线

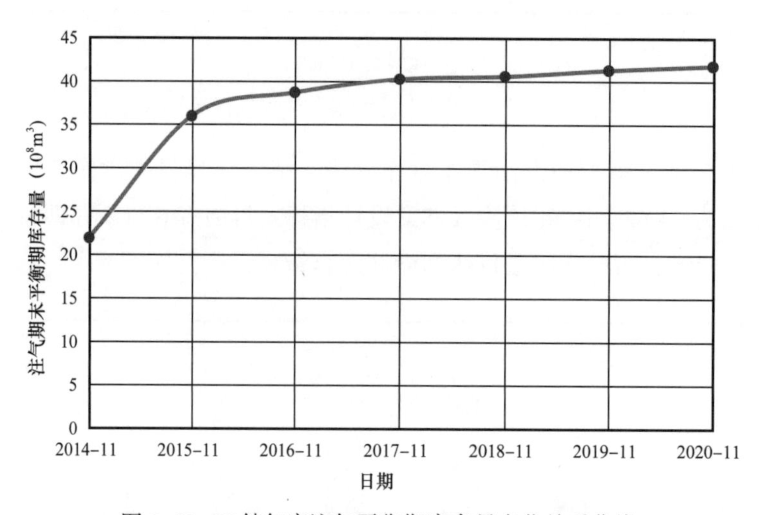

图 3-52　X 储气库注气平衡期库存量变化关系曲线

五、结论与建议

（1）X 储气库储层物性好，气井产能普遍高，气藏连通性好，地层水不活跃，能够实现储气库的高效运行和库容有效动用。

（2）各注采井注采能力强，平均无阻流量达 $660\times10^4m^3/d$，15 口注采井中 13 口井实际采气量大于 $100\times10^4m^3/d$。随着新井进一步投产，储气库调峰能力将达到 $2855\times10^4m^3/d$ 以上，达到设计要求。

（3）可动库容量随着注采运行逐年增加，库存量逐渐接近方案设计库容量，库容量已达 $41.84\times10^8m^3$，接近满库容。

（4）X 储气库已运行“八注七采”，各项指标随着注采运行逐渐接近方案设计。预计全部新井投产完成扩容达产工程后，将达到方案设计指标，实现达容达产。

第四节 辽河油田S6储气库动态分析

辽河油田S6储气库位于辽宁省盘锦市双台子河下游西岸的辽河口国家自然保护区的缓冲区和实验区内，构造上处于双台子断裂背斜构造带中部。该储气库是由濒临枯竭的油气藏改建而成，目的层古近系沙河街组兴隆台油层的砂岩储层。该块于1980年依靠天然气驱能量投入开发，2011年改建成储气库，并于2014年4月投入运行，目前已完成七注五采，正在第八轮注气。通过对S6储气库运行资料的分析，总结了气顶边水油环油气藏改建储气库的生产运行特点和动态规律，重点剖析了储层连通性、密封性、库存动用效果、单井注采气能力等，对我国其他储气库的建设和运行管理具有一定的借鉴意义。

一、基本情况

辽河油田S6储气库位于辽宁省盘锦市盘山县曙光农场至坨子里一线的双台子河流域。构造上位于辽河西部凹陷西部斜坡，为一北东向长轴断裂背斜构造形态，南北长约17km，东西宽约4km，被近东西向断层切割。构造面积约15km^2，内部由近东西向两条断层分割成S6和S67两个北东倾没的断鼻构造组成，主要目的层发育于$E_3s_1{}^{下}$—E_3s_2层位的兴隆台油层，地层厚度一般为145～200m，区块的北部和中部厚度较大。储层岩性以含砾中粗砂岩、不等粒砂岩、砾状砂岩为主，少量细—粉砂岩。

兴隆台油层整体为层状复合型块状油气藏特点，按圈闭成因分类均为“断层遮挡的屋脊状断鼻构造油气藏”，按油气水空间分布分类，属于“气顶边水油环油气藏”。S6区块原油具有低密度、低含蜡、低含硫特点，原油性质较好，地面原油密度为0.8362～0.8611g/cm^3，地层原油密度为0.6349～0.6470g/cm^3；50℃地面原油黏度小于15mPa·s，地层原油黏度小于0.5mPa·s。天然气的相对密度为0.6886～0.7131，甲烷含量为80.14%～81.9%，凝析油含量为183～289g/m^3。地层水总矿化度大于9000mg/L，水型为$NaHCO_3$型。原始地层压力为24.27MPa。原油地质储量为848.25×10^{4}t，含油面积为5.26km^2，溶解气地质储量为19.91×10^{8}m^3；含气面积为4.38km^2，天然气地质储量为51.09×10^{8}m^3，凝析油地质储量为70.29×10^{4}t。

二、储气库主要设计参数

S6储气库初步设计方案设计库容为41.32×10^{8}m^3，垫气量为25.32×10^{8}m^3（其中基础垫气量为11.32×10^{8}m^3，附加垫气量为14×10^{8}m^3），工作气量为16×10^{8}m^3。S6储气库运行压力为10～24MPa，最大日采气量为1500×10^{4}m^3，最大日注气量为1200×10^{4}m^3。注气期165天，采气期150天，平衡期50天。部署注采井15口。

2020年10月双台子储气库群初设方案通过审批，其中包含S6扩容上产方案，新增部署注采井15口。扩容后S6储气库设计库容量为57.54×10^{8}m^3，工作气量为32.22×10^{8}m^3，

垫底气量为 $25.32\times10^8m^3$（其中基础垫底气为 $11.32\times10^8m^3$，附加垫底气为 $14\times10^8m^3$）。

三、开发历程及注采现状

建库前S6区块全区完钻41口井，投产31口，截至2013年全部停产，累计产油量为 171.25×10^4t，采出程度20.19%；累计产气量为 $51.63\times10^8m^3$，其中溶解气量为 $10.74\times10^8m^3$，采出程度为53.94%；气层气量为 $40.89\times10^8m^3$，采出程度为80.04%，累计产水量为 $54.32\times10^4m^3$。

S6储气库于2014年4月26日注气投产，2016年12月13日采气投产，已完成七注五采。2021年4月24日开始第八轮注气。截至2021年8月12日累计注量为 $89.74\times10^8m^3$、累计采量为 $50.2\times10^8m^3$、地层压力为21.5MPa，本周期注气量为 $11.77\times10^8m^3$（图3–53）。

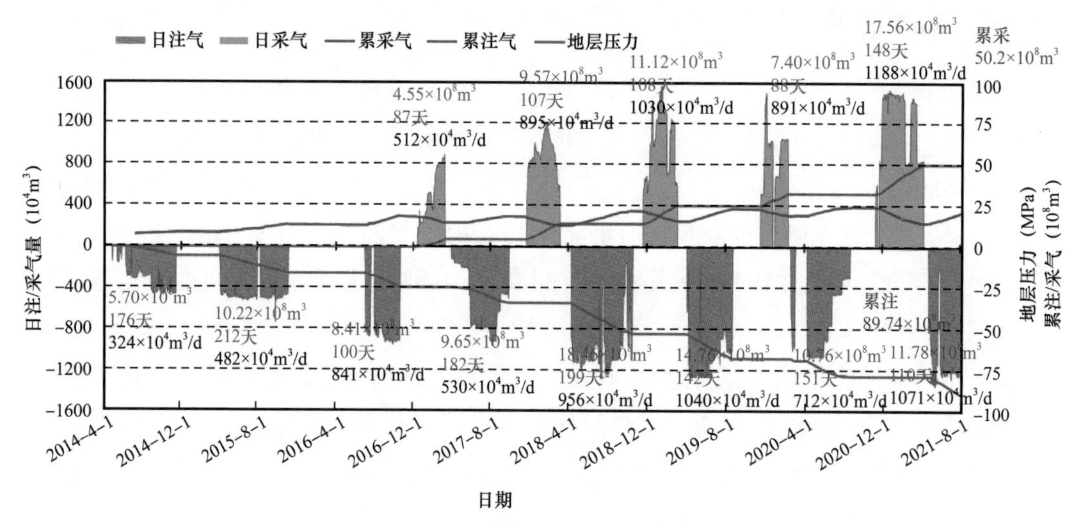

图3–53 S6储气库注采运行现状图

四、储气库注采动态分析

（一）储层连通性好，压力均匀分布

根据压力监测及数值模拟结果（图3–54），压力由高部位向边部逐渐传导，平面分布均衡，纵向上三套层系的压力变化趋势一致，扩散效果好（图3–55）。

主力气层区域压力传播速度快，而与气层连通的边部油层与水层传播速度存在一定滞后现象，从数值模拟压力场模拟与双31–28井压力测试数据可以得到证实。

（二）气库整体密封性好

S6储气库经历多周期注采后，单位压力注、采气量基本一致，平衡期压力波动幅度小，圈闭整体密封性好。

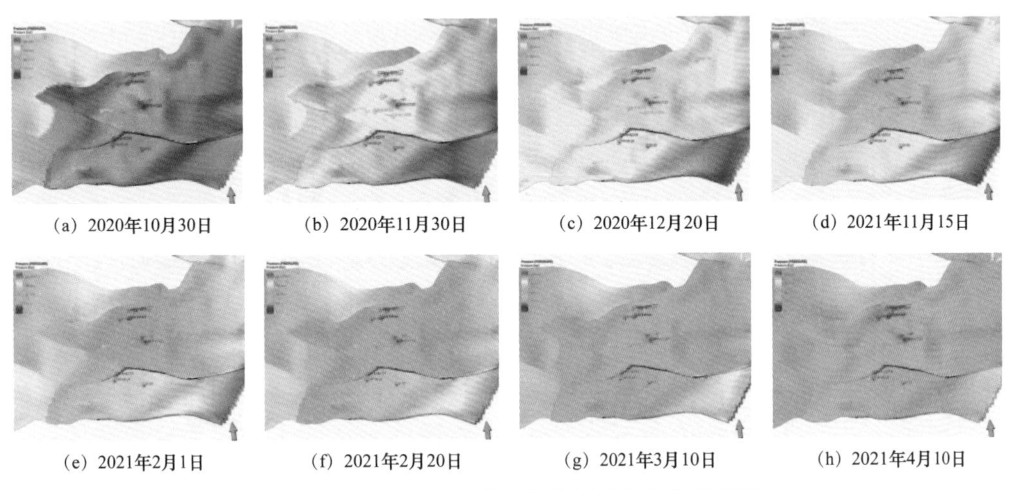

(a) 2020年10月30日　(b) 2020年11月30日　(c) 2020年12月20日　(d) 2021年11月15日

(e) 2021年2月1日　(f) 2021年2月20日　(g) 2021年3月10日　(h) 2021年4月10日

图 3-54　2020—2021 年采气期压力场变化模拟图

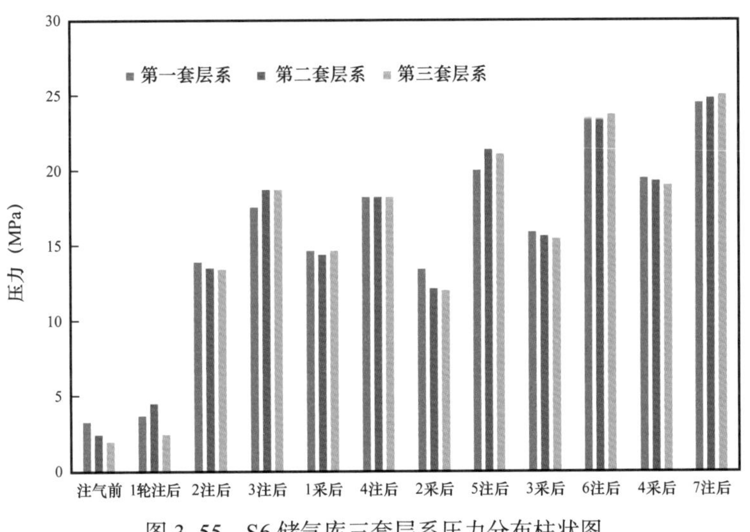

图 3-55　S6 储气库三套层系压力分布柱状图

根据 S6-H1202 井小型压裂地应力测试，测得盖层最小水平主应力 σ_{Hmin} 为 38.24MPa，远高于上限压力 26MPa，证明盖层密封性强。

根据北部 S51 块和南部 S7 块压力监测结果，两块压力明显低于 S6 储气库地层压力，且多年来基本保持不变，表明 S6 储气库边界断层具有较好的密封性（图 3-56）。

S6 储气库封堵的 39 口老井，井口均无压力，目前老井封堵密封性好。

（三）气液界面逐年下降，储气空间变大

建库前油环区域水淹严重，且高于原始气油界面。通过统计 2015—2020 年共计 12 口井（78 井次）饱和度测试资料，注气阶段由于气顶膨胀，推进气液界面下移；采气阶段气顶收缩，气液界面抬升。多次往复注采，气液界面随之发生波动，但由于 S6 库容量逐渐增加，气液界面总体呈下降趋势（图 3-57）。

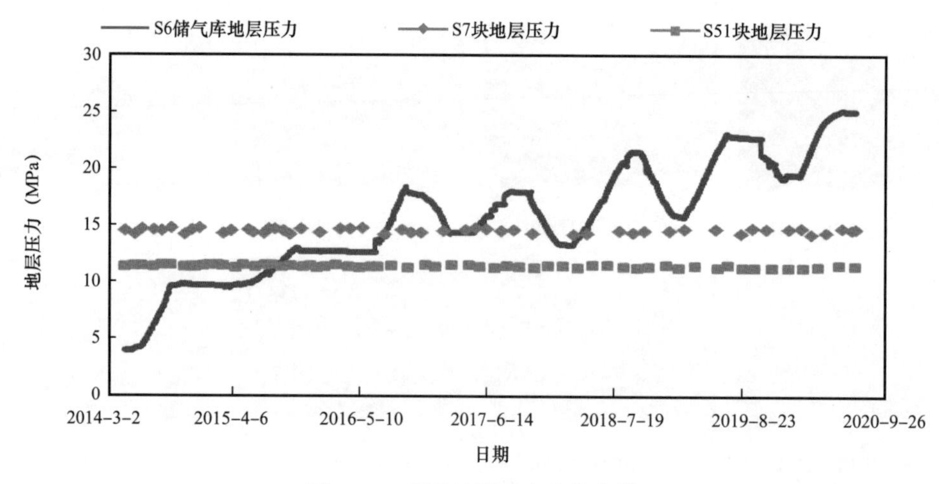

图 3-56　断块地层压力变化曲线

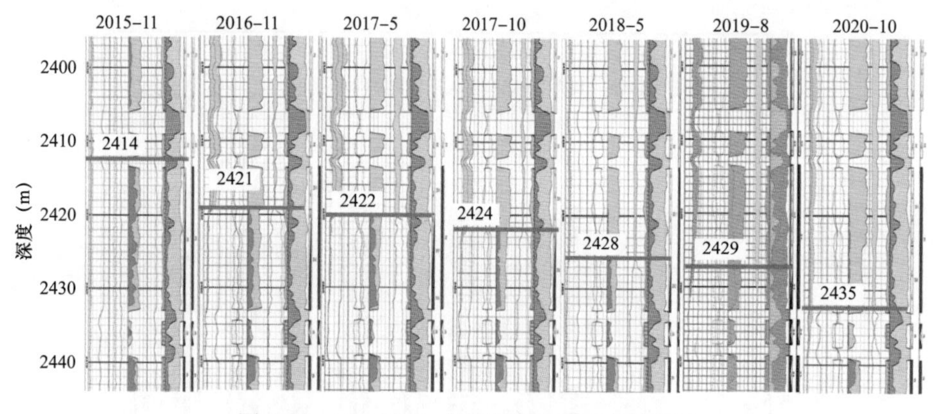

图 3-57　双 032-20 井历年气液界面变化情况

根据 S6 断块气液界面测试结果，平面上气层范围向东侧推进 50～300m，纵向上气液界面呈现西高东低的趋势，西侧与原始气液界面接近，东侧气液界面普遍下降达 40～70m，扩容作用明显（图 3-58）。

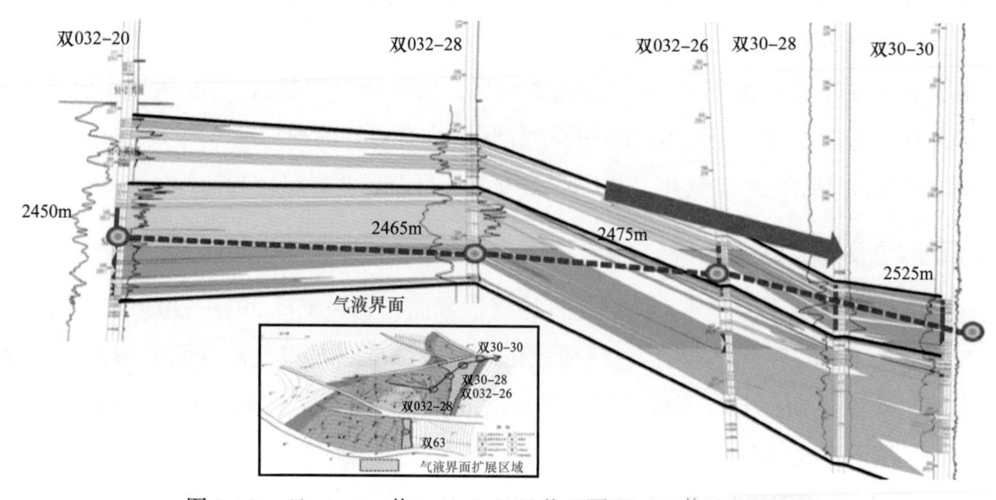

图 3-58　双 032-20 井—双 032-26 井—双 30-30 井油藏剖面图

根据S67断块气液界面测试结果，S67地层倾角小，隔夹层相对发育，S67西侧砂体连续性差，水体不发育，气液界面纵向上也呈现西高东低的趋势，东侧气液界面下降40～70m，平面距离向东移动100m，气藏扩容效果也较为明显（图3–59）。

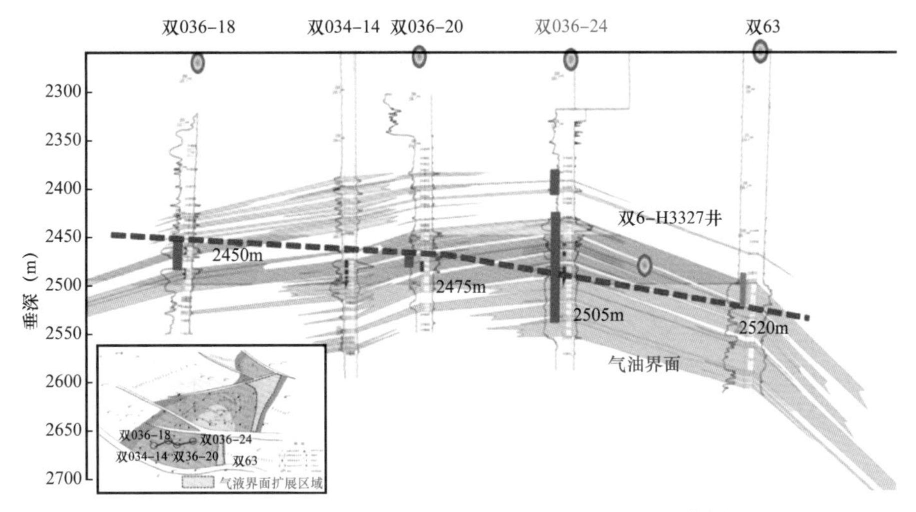

图3–59　过双036–18井—双036–20井—双63井油藏剖面图

（四）库存动用效果分析

1. 多周期注采库存运行稳定，扩容趋势趋于平稳

S6储气库由S6与S67断块组成，单位压升压降注采气量基本平稳，气库均已进入平稳运行阶段。S6断块投产较早，于2017年进入稳定运行阶段；S67断块投产较晚，于2018年进入稳定运行阶段。第7周期注末库存量为$56.64\times10^8m^3$，第5采气末期库容量为$39.08\times10^8m^3$，单位压力库存量基本稳定，扩容趋势趋于平稳，库容运行特征与设计一致，单位压力库存量稳定在$1.9\times10^8m^3$/MPa左右（图3–60、图3–61）。

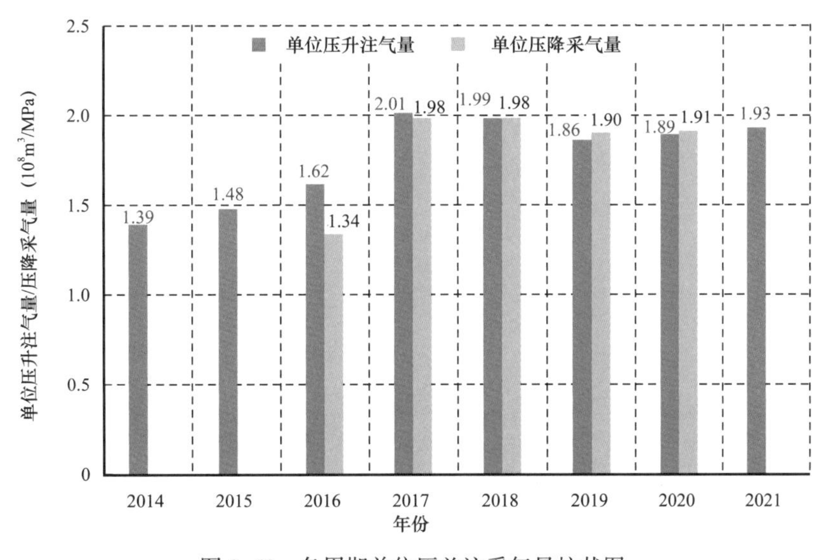

图3–60　各周期单位压差注采气量柱状图

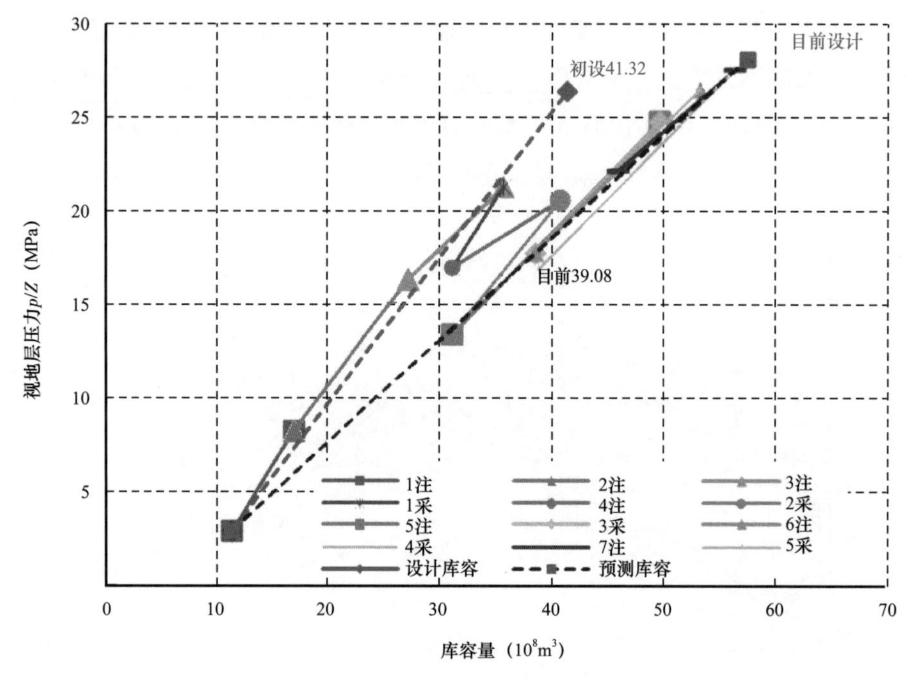

图 3-61 多周期注采库容运行曲线图

2. 可动库存量呈现逐年升高趋势

根据物质平衡法计算，可动孔隙体积、可动库存量呈现逐年升高趋势。目前可动含气孔隙体积为 $0.20 \times 10^8 m^3$，占原始含气孔隙体积的 65.5%；可动库存量为 $48.13 \times 10^8 m^3$，占目前库存量的 85%（图 3-62、图 3-63）。

3. 注采井井控程度逐渐提高

利用 RTA 现代递减分析法进行井控诊断，注采井井控程度逐步提升（图 3-64），第 5 采气期所有注采井实现井控储量 $48.82 \times 10^8 m^3$，井控库存程度达到 86%。水平井井控储量为 $4.5 \times 10^8 m^3$，定向井井控储量约为 $1.4 \times 10^8 m^3$，水平井约为定向井的 3 倍（图 3-65）。

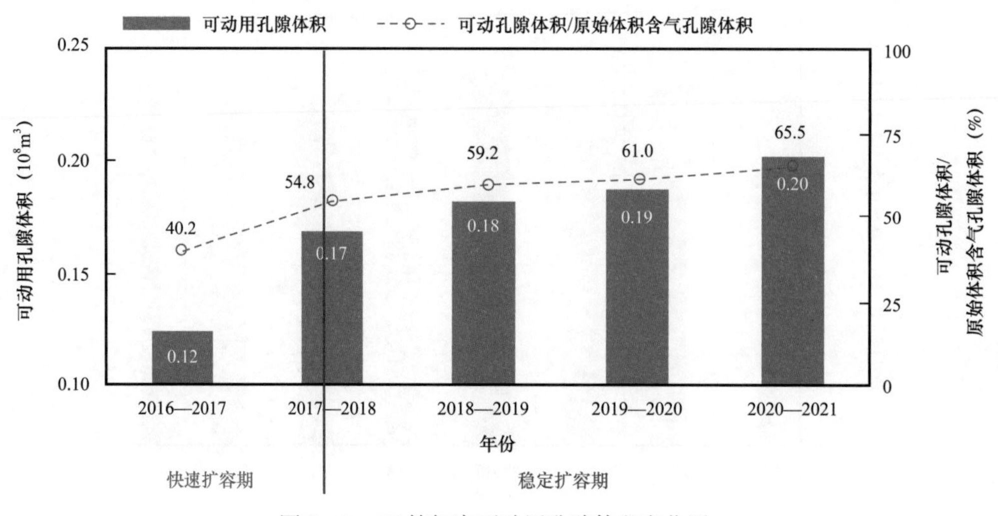

图 3-62 S6 储气库可动用孔隙体积变化图

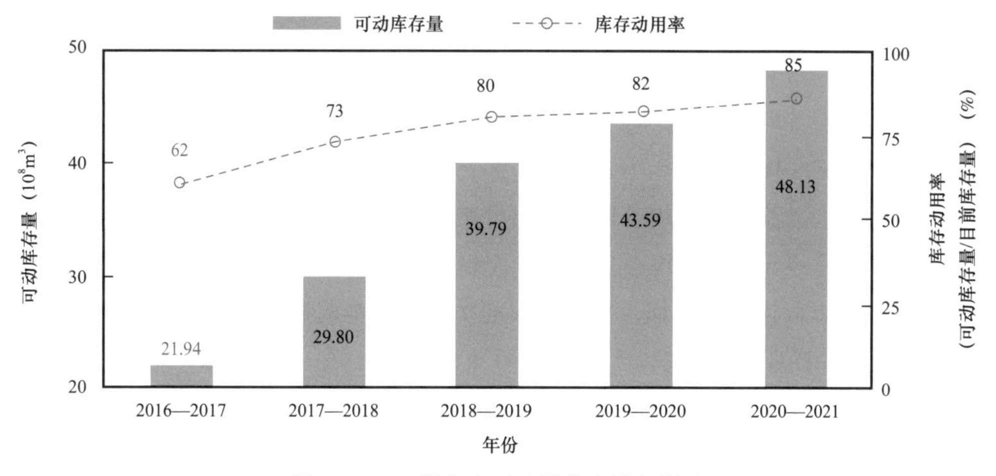

图 3-63　S6 储气库可动用库存量变化图

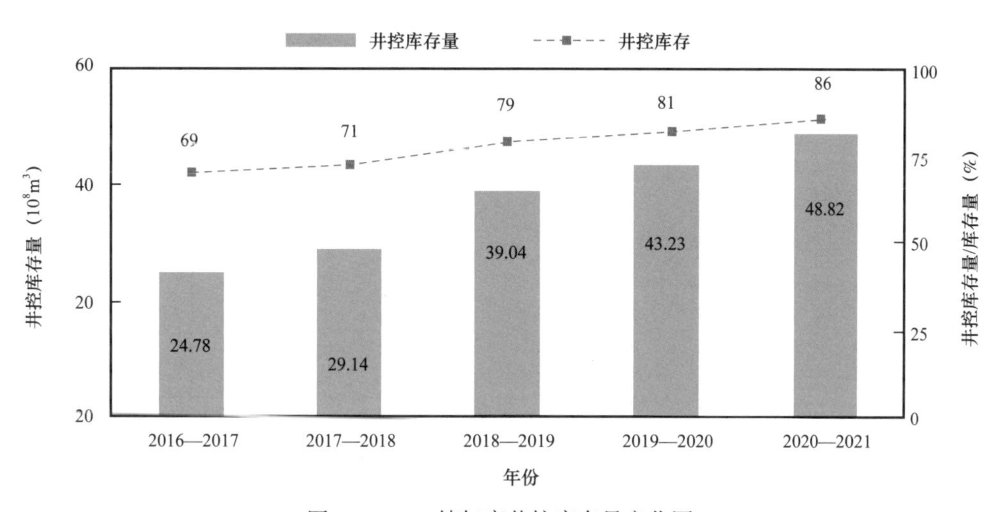

图 3-64　S6 储气库井控库存量变化图

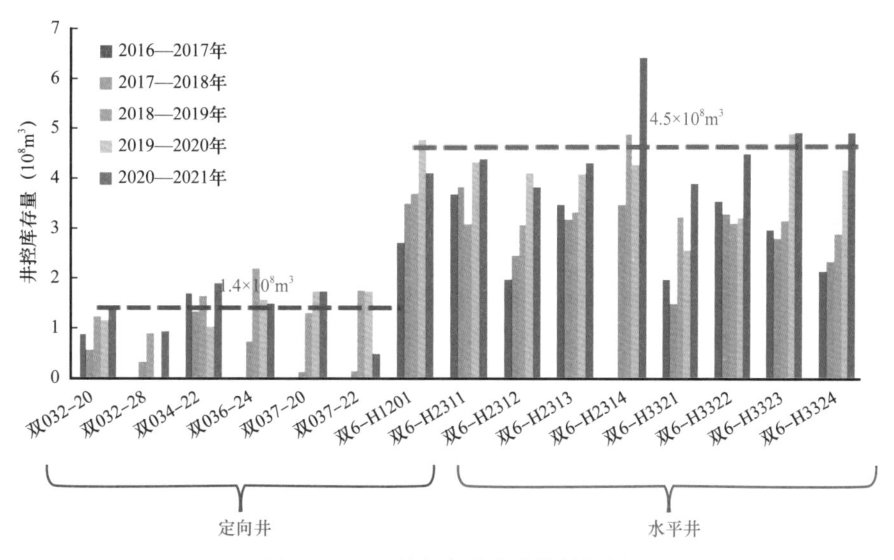

图 3-65　S6 储气库单井井控储量图

4. 库存量增量逐渐增加

单位压力库存量和单位压力差库存量增量运行曲线均呈上升趋势，库存量和工作气量持续增加，表明储气库仍具备扩容潜力（图 3-66、图 3-67）。

5. 库存损耗逐年降低

前二个周期注入气主要是填补地层亏空，垫气损耗量和损耗率较高，后期随着投运井网逐步完善和气库逐步达容，库存损耗逐年降低（图 3-68），2020—2021 年注采周期凝液携带气量增加，工程损耗量增加，导致总损耗率增加。本周期地质损耗率 1.20%，工程损耗率为 2.48%，总损耗率 3.68%。

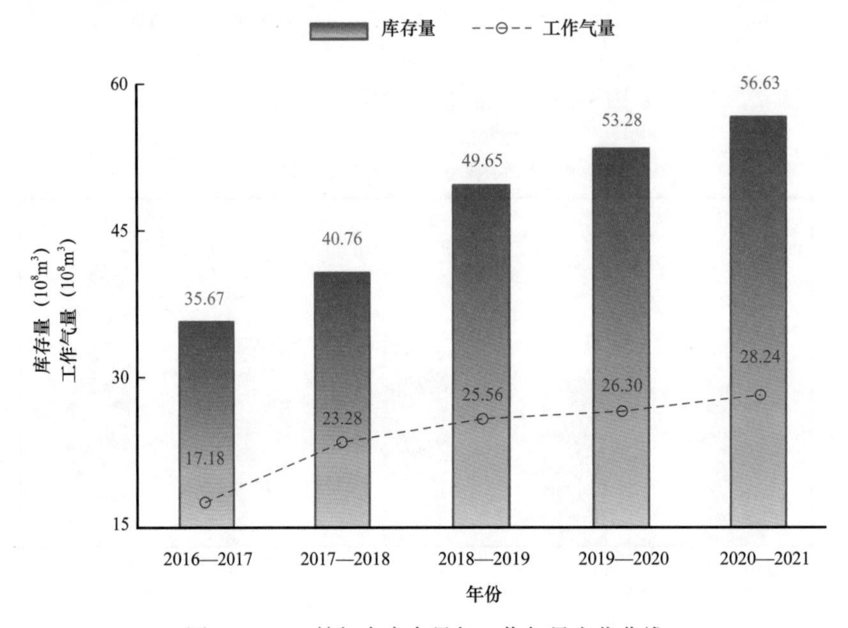

图 3-66　S6 储气库库存量与工作气量变化曲线

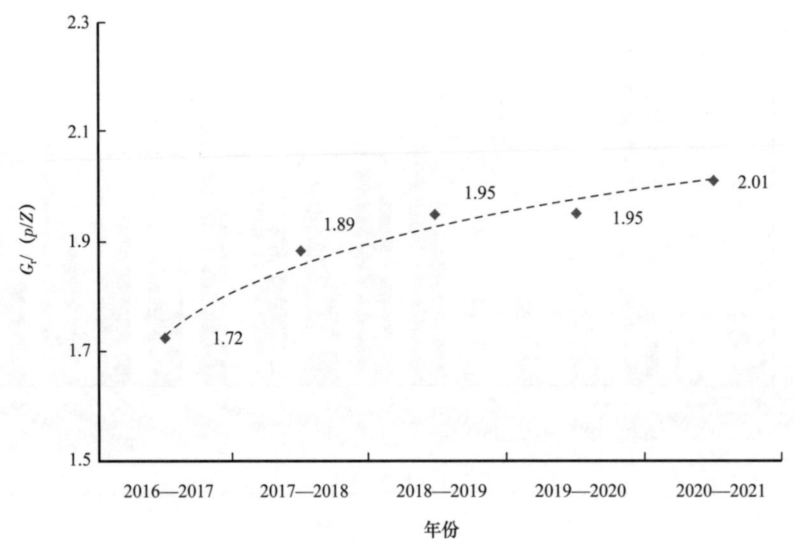

图 3-67　S6 储气库库存量增量曲线

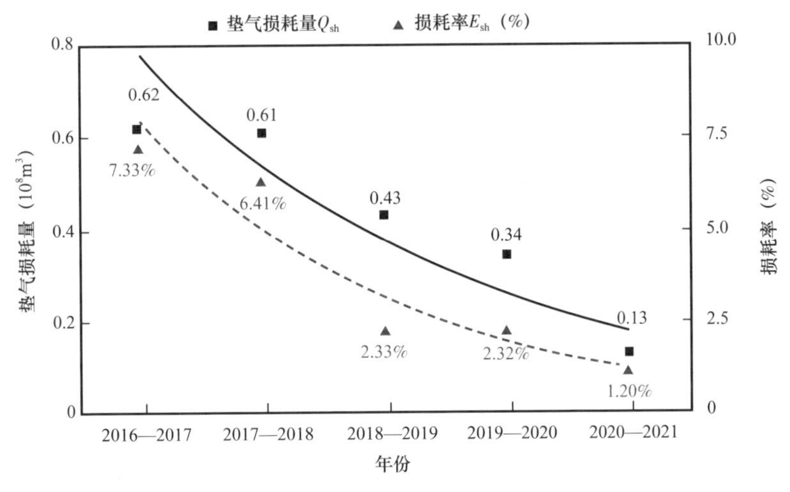

图 3-68　S6 储气库垫气量损耗变化曲线

（五）注采能力评价

受储层非均质性的影响，纵向上吸气能力不同，气层厚度大，物性好的层吸气和产气能力均较强。通过优化注采方式，多周期注采后气液界面下移，吸气、产气层数均增加，单井采气能力逐步提升。

水平井日产气能力均在 $145\times10^4m^3$ 以上，注采能力明显优于直井，第 5 采气期第一批 9 口水平井采气量占总量的 85.5%，是储气库采气的主力（图 3-69）。

水平井产能与生产压差及钻遇气层长度呈正相关关系，在生产压差相近的情况下，水平井气层钻遇长度越大，单井采气能力越强（图 3-70）。直井所处的沉积相带相同，采气能力主要受构造部位、压差和地层系数的影响，在压差相近的条件下，日采气能力与地层系数呈正相关关系（图 3-71）。

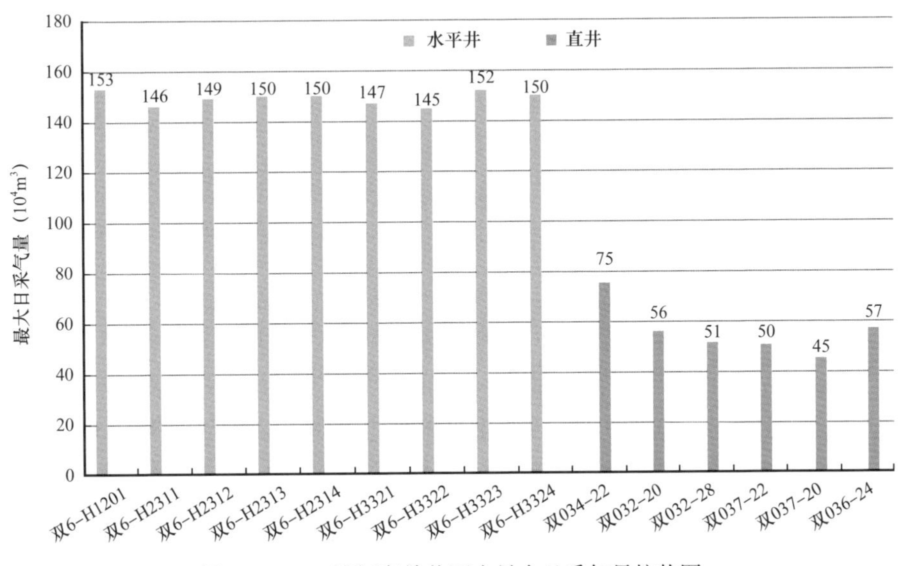

图 3-69　S6 储气库单井历史最大日采气量柱状图

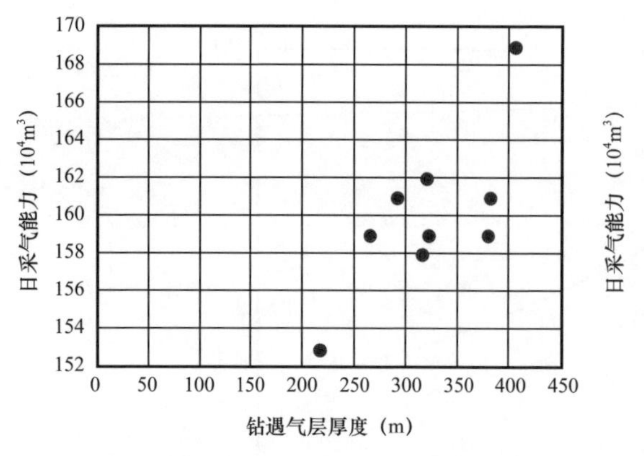

图 3-70　水平井钻遇气长度与采气能力关系图

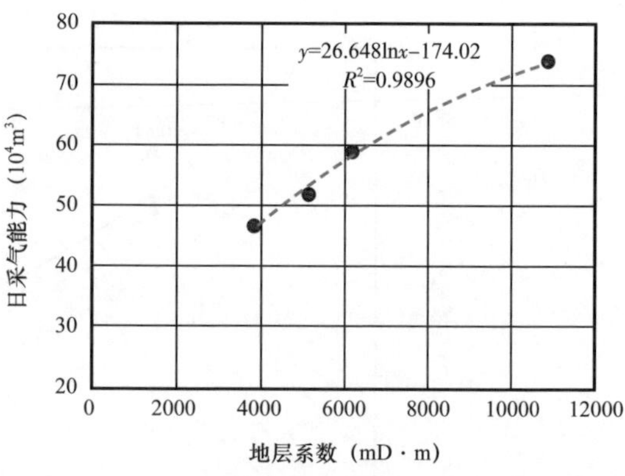

图 3-71　直井地层系数和日采气能力关系图

考虑冲蚀、出砂、井口回压，评价了不同地层压力下定向井与水平井合理产能区间。分析结果认为定向井主要受出砂限制，水平井受冲蚀流量限制，结合采气期实际生产情况，预计直井日采气能力为 30×10^4～130×10^4m，水平井日采气能力为 50×10^4～$180\times10^4m^3$（图 3-72）。

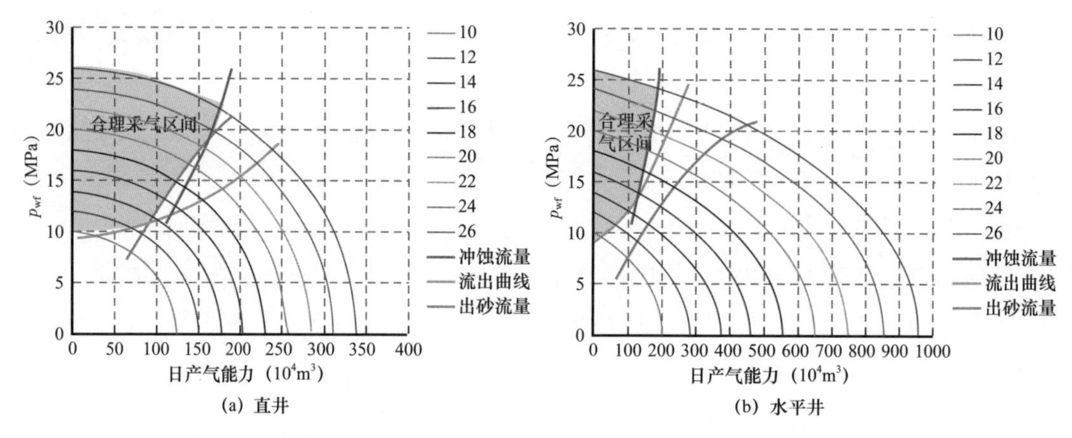

图 3-72　考虑冲蚀与出砂的不同地层压力下直井和水平井合理采气能力

五、结论与建议

（1）S6 储气库已已完成七注五采，通过物质平衡法、现代递减分析法等计算方法显示目前扩容趋势已趋于平稳，预计当达到上限压力 26MPa 时，库容量可达 $57.54\times10^8m^3$，达到设计要求。

（2）S6 储气库多周期注采运行动态特征显示储气库密封性好，实现了多周期安全、高效、平稳运行。储层物性好，连通程度高，压力传导均匀，能够实现气库的均匀驱替和有效动用，在循环注采的过程中，气液界面外推，也增加了一定的储气空间。

（3）S6 储气库注采井多周期注采后气液界面下移，吸气、产气层数均增多，单井采气能力逐步提升。直井日采气能力为 30×10^4～$130\times10^4m^3$，水平井日采气能力为 50×10^4～$180\times10^4m^3$。注采能力较强，在现有井网条件下达到了储气库的设计要求。

第五节　华北油田SQ储气库动态分析

华北油田SQ潜山凝析气藏地处河北省霸州市信安镇境内，距离陕京二线约16km，构造上位于文安斜坡中段S潜山带中部。2011年改建地下储气库，并于2013年12月投入试运行，已运行了7个周期的注采运行，目前正进行注气生产。需要深入剖析SQ储气库注采运行开发矛盾，优化气库配产配注，论证单井注采能力及工作气量指标，重新复核库容参数，因地制宜提出达容达产技术对策，为储气库后续提升工作气量提供技术决策，保障SQ储气库长久、安全、平稳、合理运行。通过对SQ储气库运行资料的分析，系统总结了底水气藏改建储气库的生产运行特点和动态规律，对我国其他储气库的建设和运行管理有指导作用。

一、基本情况

SQ潜山凝析气藏地处河北省霸州市信安镇境内，距离陕京二线约16km，紧邻S天然气处理站。构造上位于文安斜坡中段S潜山带中部，气藏顶面形态为一个四周被断层切割的近矩形断块山（图3-73），潜山走向北东20°～30°，构造上南北长5.2km，东西宽2.23km。气藏储集层位于下古生界奥陶系的峰峰组和上马家沟组，储集岩为碳酸盐岩，储层非均质性极强，有效储层厚度主要发育在峰峰组4、5号小层和上马家沟组的1、2号小层，储集空间主要为构造微裂缝和晶间孔以及溶蚀孔洞，孔隙度分布范围为3%～5%，有效渗透率为1～11mD，属低渗透储层。从试气资料看，上马家沟组产能高于峰峰组。上覆盖层主要为石炭系，总厚度约为326m，底部为稳定分布的铝土质泥岩与厚泥岩，地层平均厚度约为101m，气藏在平面及纵向上具有良好的封闭性。

该气藏属正常温度和压力系统，原始地层压力为48MPa，压力系数为1.0～1.06，原始地层温度为156℃，地温梯度为2.5℃/100m。气藏上有凝析气，下有底水。气藏内凝析油含量中等，气体平均相对密度为0.7，临界温度为212K，临界压力为4.7MPa。凝析油平均相对密度为0.8，黏度为0.9mPa·s，地层水总矿化度为20000mg/L左右，氯根含量为10000mg/L以上，水型为碳酸氢钠型。

二、气藏开采及气库运行状况

该气藏于1983年发现，第一口生产井于1988年12月24日投产。截至建库前共有完钻井9口，2011年3月关井前日产气$48\times10^4m^3$，日产油76t，日产水$287m^3$，累计产气$19\times10^8m^3$，2010年7月地层压力为27MPa，总压降为21MPa，处于开发中后期带水生产阶段。2011年3月底全部关井备建储气库。

SQ储气库2013年12月投入运行，截至目前，投产8口注采气井，4口采气井。平稳运行了7个注采周期，正处于第8周期注气期。累计注气$35\times10^8m^3$，累计采气$23\times10^8m^3$。最大日注气$462\times10^4m^3$，最大日采气$846\times10^4m^3$。

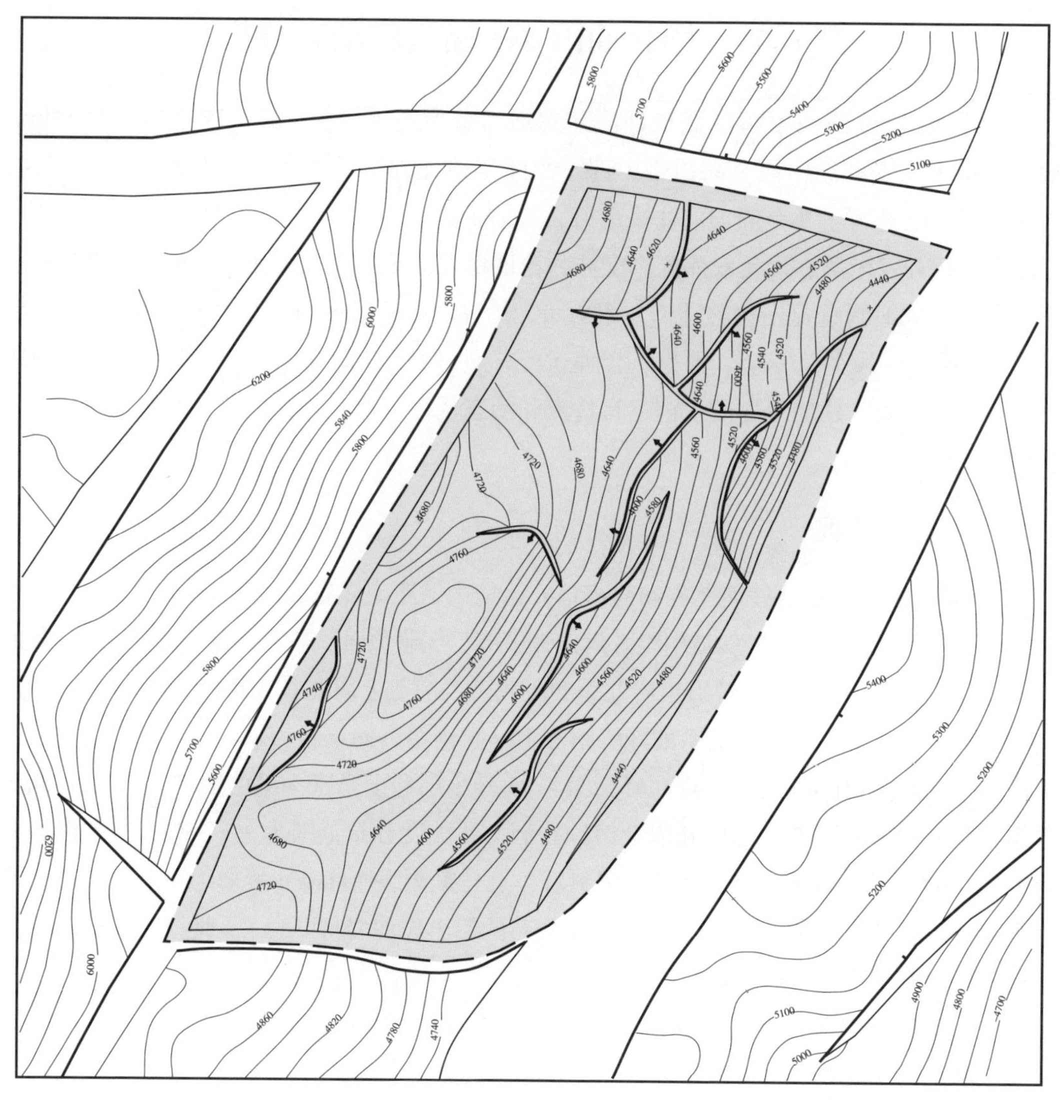

图 3-73　SQ 储气库构造图（单位：m）

三、地质动态及运行效果分析

（一）注采运行特征研究

1. 气库压力变化规律

随着 SQ 储气库达容建产进程，气库压力逐渐提升，由建库前的 27MPa 提升至 2020 年注气末的 47MPa（图 3-74）。气库各井具有统一压力系统，总体上同气库压力一起呈上升趋势，伴随着注采周期运行，注气期注气井区压力略高，采气期采气井区压力略低。

2. 气体扩散规律

通过多周期注气，气库内气体组分中干气成分逐渐增加，采出气中甲烷含量逐渐接近注入气中甲烷组分含量。根据采出气体组分分析发现：经过多周期注采，气库采出气体组分含量基本接近注入气，注入气体已运移扩散至未注气井区（图 3-75）。井控范围内，气库动用情况良好。

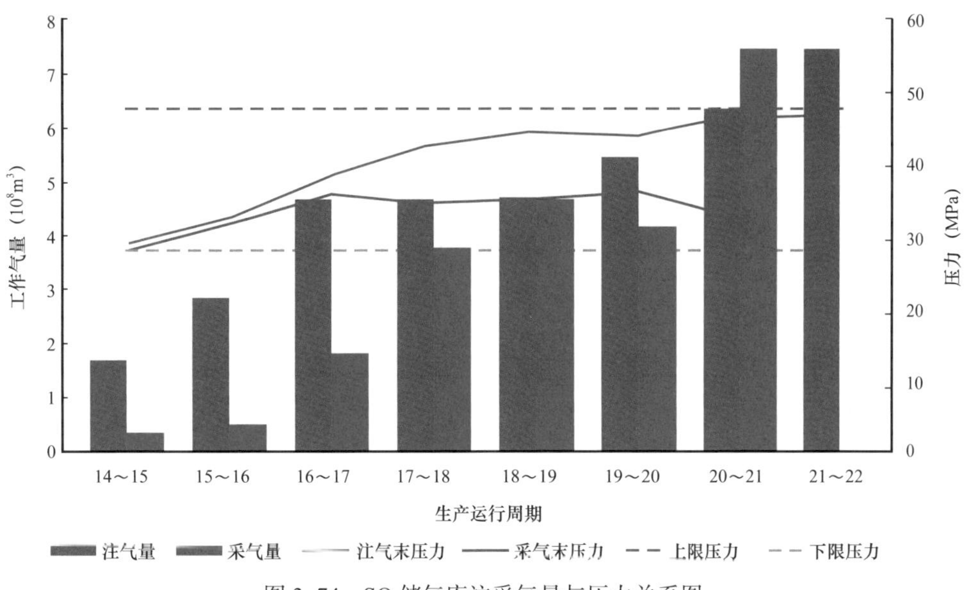

图 3-74　SQ 储气库注采气量与压力关系图

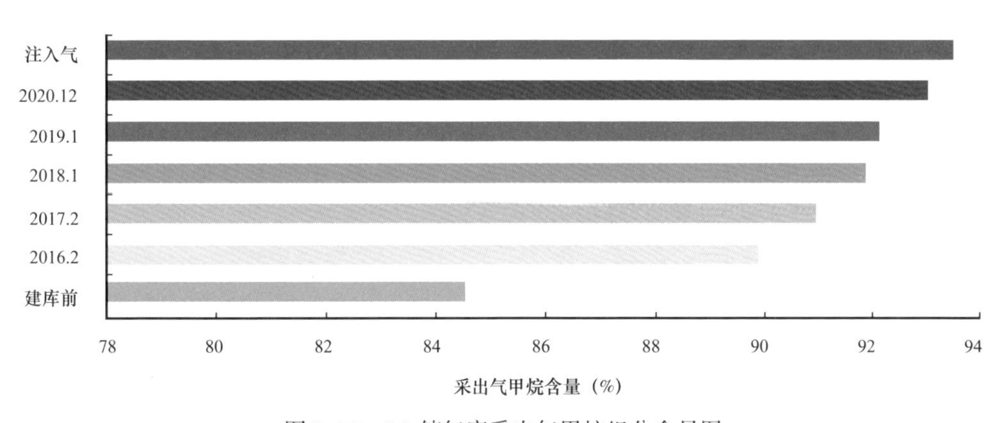

图 3-75　SQ 储气库采出气甲烷组分含量图

3. 气水运移规律

1）气库气水界面移动情况

水驱气藏型储气库高速注采运行过程中，与气库相连通的边底水往复运移缓冲库内压力变化，并伴随整个注采循环。气库储层压力随高速注采过程升高或降低，气水界面随之升高或降低，其中注采气量大的中部井区气水界面波动更明显，气水界面很难保持稳定（图 3-76）。

2）气井出水情况分析

结合 SQ 凝析气藏生产经验，根据 SQ 储气库出水井实际情况，分析认为 SQ 储气库出水模式包括是裂缝型出水和水锥型出水（图 3-77）。

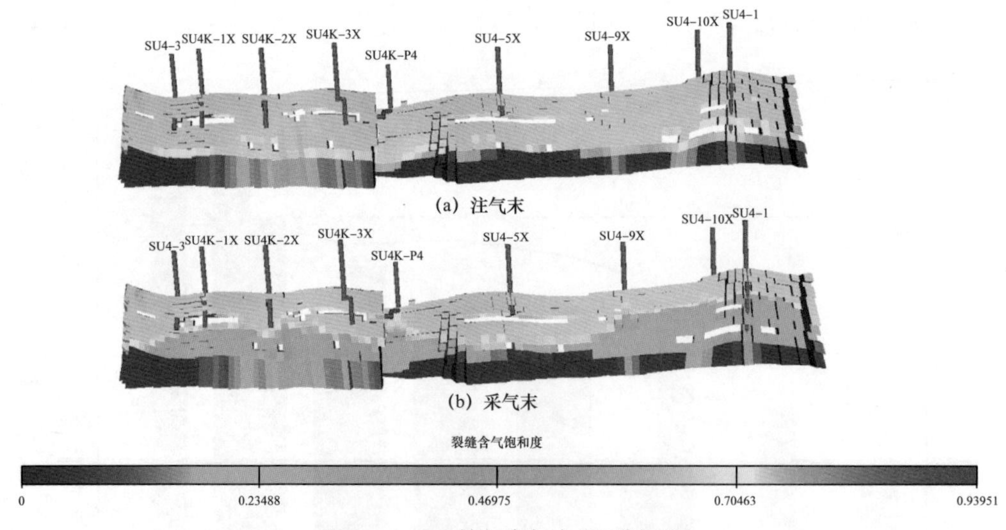

图 3-76　SQ 储气库气水界面剖面图

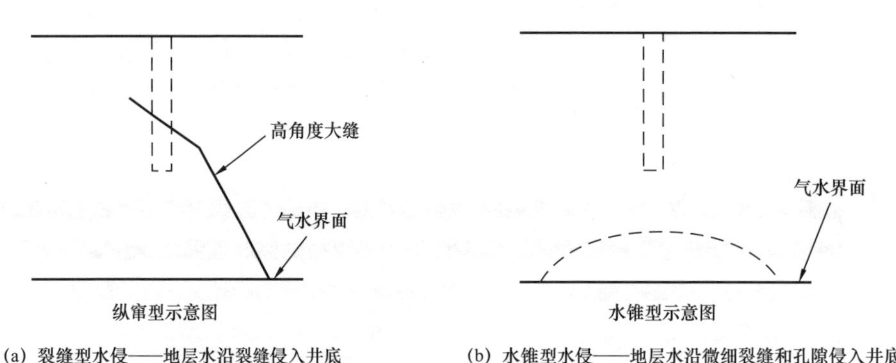

图 3-77　SQ 储气库气井水侵模式图

通过对 S 潜山带的气井产水前后无阻流量的对比可知，就整个 S 潜山带而言，气藏物性越好，气井原始无阻流量越高，见水后产水量越高，影响越大；相对物性较差的气藏或气藏物性较差的区域，产水量低，无阻流量影响越小。SQ 储气库属于低孔低渗气藏，并且储层非均质强，气库注采运行过程中，孔隙结构中的气、水分布复杂多变，单井出水会使储层局部区域出现气水互锁，气水两相共渗区间变窄，造成库容动用程度下降，因此，对出水井要控制采气量，防止发生底水锥进。

(二)库容复核

1. 动态储量预测法

SQ 潜山气井均已投产、采出程度高，具备复核动态储量的条件。潜山开采过程中具有水驱的特征，部分投产井已开始产地层水，从物质平衡方程（MBE）直线法关系曲线可看出（图 3-78），曲线上翘，显示了水驱气藏的开采特征。因此，采用水驱气藏的物质平衡方程直线方法计算凝析气藏动态法地质储量。

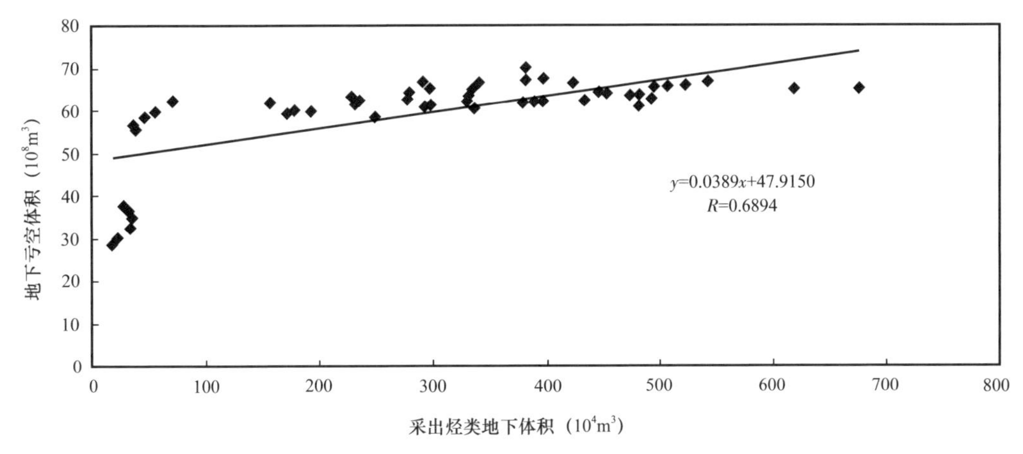

图 3-78　SQ 凝析气藏物质平衡方程直线法关系曲线图

2. 系统产量不稳定分析方法

根据系统产量不稳定分析方法，对 SQ 储气库进行单井生产数据曲线拟合，得到气藏原始动态地质储量、储层渗透率、供气区面积等参数。

1）井网控制程度评价

根据 SQ 储气库库存量等参数的计算结果表明，随着注采井数增加以及单井注采能力的提高，可动用库存量逐年增加，相应的库容量和工作气量也逐年增加。

从分析结果来看，北部地区单井控制储量最大，井间存在干扰。中南部单井控制储量小，导致气库整体井网控制程度低。水平井控制面积不如注采能力好的直井，直接影响气库南部的井网控制程度，计算气库井网控制的可动用库存量为 $21\times10^8m^3$。

2）库容参数复核结果分析

从以上复核结果来看，直接采用动态法地质储量计算的库容量最大，但采用该方法对 N 潜山碳酸盐岩复杂储层建库具有较大的风险。在精细地质研究、开采动态分析及数值模拟研究的基础上，合理确定流体分布不同区带及孔隙体积，然后结合 N 建库注采机理及其预测的各区带建库空间动用率，综合考虑注气速度和水侵对纯气带和气水过渡带建库空间动用的影响，科学确定了 N 建库有效空间。基于多周期注采运行气量与压力关系（图 3-79），在此基础上，对库容技术指标进行复核，进一步落实了建库指标的可靠性，为后续气库运行方案优化调整奠定重要的基础。依据目前所取得的系统试井和试采资料，结合库容分析 SQ 储气库的库容与设计基本一致。

（三）产能评价

1. 单井能力

1）注气能力

SQ 储气库累计注气量为 $37\times10^8m^3$，注气能力整体较好，能够满足气库注气需要。共有注气井 7 口，单井日均注气量逐周期增加，随着储气库逐渐达容，周期注气量还受采气期采气量的制约。

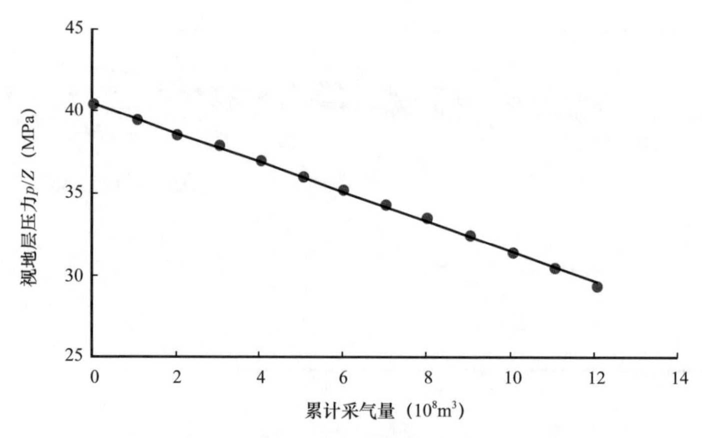

图 3-79　SQ 储气库累计采气量与视地层压力关系图

由于产能测试资料较少，采用一点法来推导注气期产能方程，目前定向井平均单井注气能力为 21×10^4～$85\times10^4m^3$；水平井平均单井注气能力为 26×10^4～$85\times10^4m^3$，气库注气能力合计为 $8\times10^8m^3$。

2）采气能力

SQ 储气库群自 2013 年 12 月投产，随着气库多周期注采运行，投产井数逐渐增多，2019 年对 SQ 储气库进行扩容达产方案研究，截至目前，投产采气井 12 口，气库日采气量为 $638\times10^4m^3$。

气库整体采气量逐渐增大，随着全面投注投采，气库压力逐渐上升，井底污染逐渐解除，单井多周期产能基本逐渐提高，根据生产数据采用一点法计算单井多周期的二项式产能方程（图 3-80）。

经过多周期单井产气情况分析，单井产能差异大的问题逐渐暴露出来，单井产能平面上呈中北部及高部位好，南部及低部位差的趋势。定向井平均单井产能为 8×10^4～$118\times10^4m^3$；水平井平均单井产能为 29×10^4～$110\times10^4m^3$。

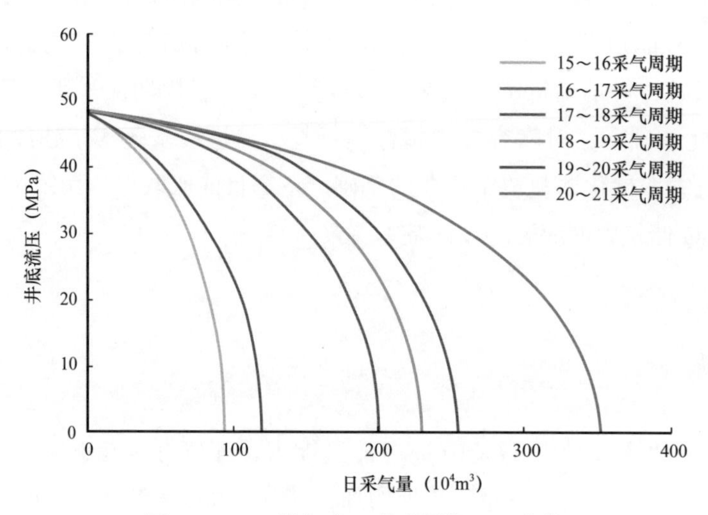

图 3-80　SQ 储气库 X 井多周期 IPR 曲线

2. 工作气能力

上周期剩余采气能力和本周期注气转换工作气部分之和，就是地层的采气能力。利用涡轮图计算，地层采气能力为 $11\times10^8m^3$。

SQ 储气库的运行压力为 28～48MPa，在现阶段单井产气能力及措施改造下，SQ 储气库具备近 $8\times10^8m^3$ 工作气量能力。

四、结论与建议

（1）储气库已运行 7 个注采周期，通过数值模拟、物理模拟、气藏工程方法等计算库容量符合方案设计。

（2）通过储气库多周期运行规律分析，储气库建库期整体压力随周期运行逐步升高，单井局部压力随注采周期升高或降低；在储气库高速注采情况下，储层物性明显改善；气水界面随注采周期升高或降低，注采气量大的中部井区气水界面波动更明显，气水界面很难保持稳定。

（3）定向井平均单井产能为 8×10^4～$118\times10^4m^3$，水平井平均单井产能为 29×10^4～$110\times10^4m^3$，产能大小受储层非均质性影响大。目前具备工作气能力近 $8\times10^8m^3$。

第六节　长庆油田 S224 储气库动态分析

长庆油田 S224 碳酸盐岩岩溶型气藏地处陕西省靖边县和内蒙古自治区乌审旗交接处，构造上位于鄂尔多斯盆地伊陕斜坡。2012 年改建地下储气库，并于 2014 年 11 月投入试运行，已运行了 6 个周期的注采运行。该储气库具有储层低—中渗且非均质性强、岩性圈闭为主、硫化氢含量低等特点，需要深入研究 S224 储气库注采运行动态，评价气库密封性能，核算有效库容参数，论证单井注采能力及工作气量等指标，优化气库配产配注，提出达容达产技术对策，保障 S224 储气库长期安全、平稳运行。通过对 S224 储气库运行资料的分析，系统总结了低渗含硫气藏改建储气库的生产运行特点和组分变化规律，对同类型储气库的建设和运行管理有指导作用。

一、储气库概况

S224 储气库位于靖边气田西部，含气面积为 $19.3km^2$。奥陶系马家沟组马五段 1 亚段（简称马五$_1$）广泛分布蒸发潮坪相白云岩，其中马五$_1^3$ 小层以细粉晶白云岩为主，溶蚀孔洞和网状微裂缝极为发育，是该储气库天然气储集的主要层位。马五$_1$ 亚段有效厚度为 6.0～9.3m，平均为 7.6m，平均孔隙度为 6.1%，平均基质渗透率为 1.2mD。其中主力层位马五$_1^3$ 小层平均有效厚度为 2.8m，平均孔隙度为 9.3%，平均基质渗透率为 2.9mD。

马家沟组上部不整合覆盖着中石炭统本溪组底部的铁铝岩，构成储气库的直接盖层，石炭系沉积形成的致密砂泥岩，则是理想的区域盖层。侧向发育的侵蚀沟槽导致马五$_1$亚段、马五$_2$亚段等地层存在不同程度的缺失，并充填了本溪组泥岩，形成了有效的侧向遮挡。综合来看，气藏在纵向和横向上均具有相对较好的封闭条件。

该储气库构造位于鄂尔多斯盆地伊陕斜坡，为极其平缓的西倾单斜，平均坡降为7～10m/km，在该背景上发育一系列鼻状、穹形、箕状和盆形等小幅度构造，其鼻轴走向为北东、北东东，呈雁列式排列。这些构造不具备圈闭和分隔气藏的能力，但对储渗能力有一定的控制作用。

气体组分CH_4平均含量为93.43%，C_2H_6平均含量为0.33%，H_2S平均含量为553.9mg/m^3，CO_2平均含量为6.01%，临界压力为4.73MPa，临界温度为201.62K，相对密度为0.61，为含硫型干气气藏。

二、气藏开采与气库运行状况

S224储气库在气田开发阶段完钻探井1口、开发井2口，探明地质储量为16.2×10^8m^3，评价动态储量为10.4×10^8m^3（图3–81）。3口气井平均试气无阻流量为80.4×10^4m^3/d，建库前地层压力为7.2MPa，累计产出天然气量为8.3×10^8m^3，动态储量采出程度为80%。

S224储气库采用直井与水平井混合的注采井网，共完钻注采定向井3口、注采水平井4口，同时利用3口老井采气。于2012年6月开始建设，2014年11月完成注气调试工作，正式投产。自投入运行至2021年3月底，开展了“六注六采”运行，累计注气量为15.12×10^8m^3，累计采气量为11.84×10^8m^3。根据运行情况，可分为补充垫气、正式运行、完善工程实施三个阶段。

（1）补充垫气阶段：由于建库前库存量小于设计垫气量，第一至二周期采用多注少采、补充垫气量的模式运行。第一周期注气146天，累计注气量为1.38×10^8m^3，日均注气量为94.7×10^4m^3；采气116天，累计采气量为0.85×10^8m^3，日均采气量为73.3×10^4m^3。建库前地层压力约为7.2MPa，随着气体注入，井口注气压力很快升至25.0MPa以上。第二周期注气175天，累计注气量为3.12×10^8m^3，日均注气量为178.1×10^4m^3；采气89天，累计采气量为0.65×10^8m^3，日均采气量为73.3×10^4m^3。注气前40天气库日注入量基本保持约250×10^4m^3，随着注气井口压力升至27MPa以上，接近气库压缩机上限压力，注气量呈快速下降的趋势。前两周期补充垫气阶段，反映S224储气库储层整体渗透率低且非均质性强、气体渗流阻力较大的特点。

（2）正式运行阶段：第三至四周期，利用3口水平井开展注采，基本达到了2.3×10^8m^{3}工作气量的注采平衡。第三周期注气191天，累计注气量为2.30×10^8m^3，日均注气量为120.5×10^4m^3；采气112天，累计采气量为2.28×10^8m^3，日均采气量为203.3×10^4m^3。第四周期注气 200 天，累计注气量为 $2.56\times10^8m^3$，日均注气量为 $127.9\times10^4m^3$；采气 111 天，累计采气量为 $2.36\times10^8m^3$，日均采气量为 $212.4\times10^4m^3$。本阶段，3 口注采水平井注气井口压力升高快，井间干扰明显，反映受储层低渗和强非均质性的影响，3 口水平井控制库容相对有限，注采井网不完善。

（3）完善工程实施阶段：第五至六周期，根据气库指标评价论证，实施完善工程，在库区西南部新钻注采水平井 1 口、注采定向井 3 口，气库工作气量由 $2.3\times10^8m^3$ 提高至 $3.3\times10^8m^3$，库容动用程度得到有效提高。第五周期注气 227 天，累计注气量为 $3.0\times10^8m^3$，日均注气量为 $132.3\times10^4m^3$；采气 66 天，受冬季下游用户限制，累计采气量为 $2.29\times10^8m^3$，日均采气量为 $347.6\times10^4m^3$，库内留存 $1.0\times10^8m^3$ 工作气量。第六周期开展提高上限压力试验，注气 199 天，累计注气量为 $2.76\times10^8m^3$，日均注气量为 $138.7\times10^4m^3$；库区地层压力升高至 34.0MPa，较设计上限压力提高了 2.0MPa，形成了 $3.7\times10^8m^3$ 工作气量；截至 2021 年 3 月底采气期结束，共采气 94 天，累计采气量为 $3.4\times10^8m^3$，日均采气量为 $364.8\times10^4m^3$（图 3-82），库内留存 $0.3\times10^8m^3$ 工作气量。

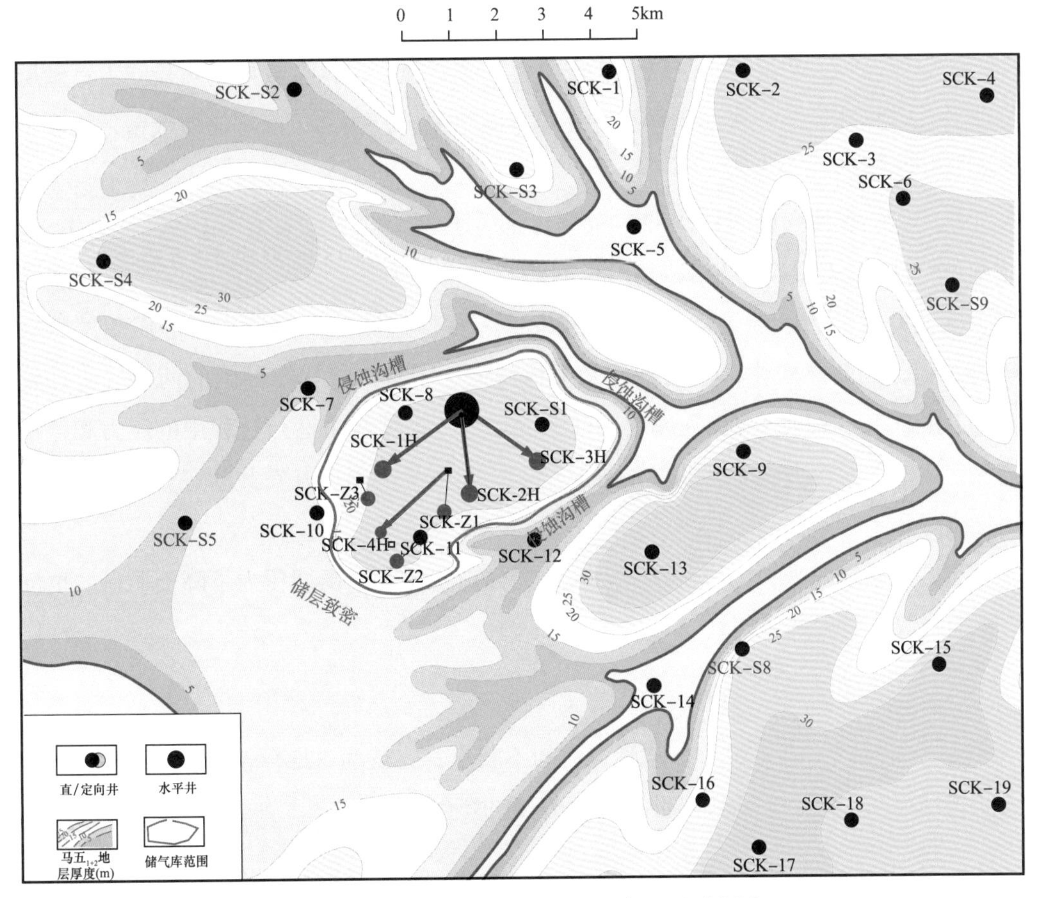

图 3-81　S224 储气库马五 $_{1+2}$ 残余地层厚度图

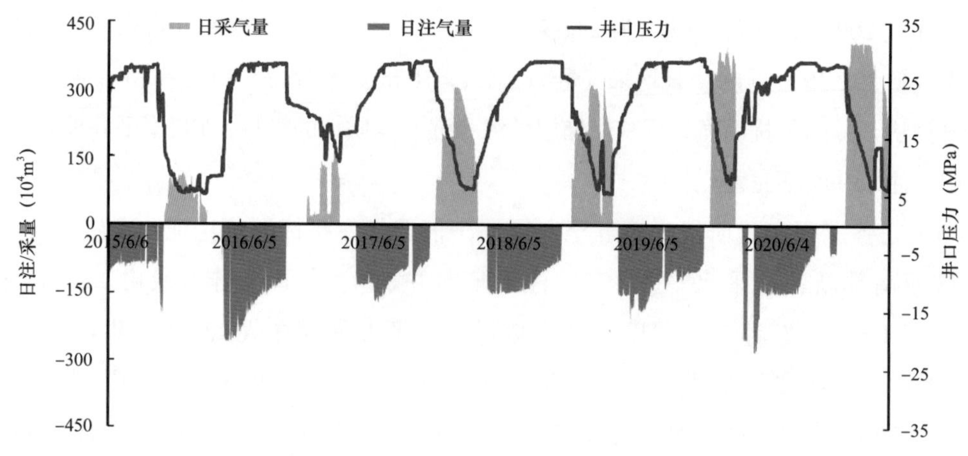

图 3–82　S224 储气库注采运行曲线

三、地质动态及运行效果分析

（一）密封性监测与评价

S224 储气库区域内断层基本不发育，密封性评价重点是对盖层和侧向岩性致密带的评价。储气库区马五 $_1$ 亚段的盖层、底板发育，分布稳定，具有较好的封盖能力；储层侧向的北部、东部被侵蚀沟槽切割缺失并充填本溪组泥岩，西部、南部储层致密，构成了储气库的有效遮挡。

为监测盖层和侧向密封性，S224 储气库部署了 3 口监测井，分别为边界监测井 SCK–10，盖层监测井 SCK–7 和 SCK–12。长期监测井口压力变化，每两月进行一次静压测试监测，核实井底压力。经过六个周期注采运行，3 口监测井井口压力、静压测试数据等均较为平稳，无明显变化，未见到注采干扰特征。同时，将气库外围的两口气田开发井 SCK–S3 和 SCK–13 也纳入储气库封闭性监测体系，加强注采运行过程中的压力和产量变化监测，六个注采周期未见到明显的异常情况。监测井和周边开发井动态资料表明，气库封闭性良好。

经过六个周期注采，气库注气后地层压力保持稳定，平衡期压力下降不明显，也反映了气库整体具有较好的密封性。

（二）储层连通性分析

随着注采水平井实施和动态监测资料的不断丰富，认为 S224 储气库内部整体连通性好，但局部存在浅坑或岩性致密带，表现出径向复合的特征。

1. 井间干扰分析

第一、第二周期在水平井注气过程中，3 口老井下压力计连续监测地层压力变化情况。第一周期 SCK–1H 井和 SCK–3H 井开始注气后，3 口老井压力恢复速率增大，井底压力在

94～244h 即可见到明显干扰（图 3-83 至图 3-85）。第二周期 SCK-1H 井、SCK-2H 井和 SCK-3H 井开始注气后，3 口老井压力恢复速率增大，井间干扰明显。

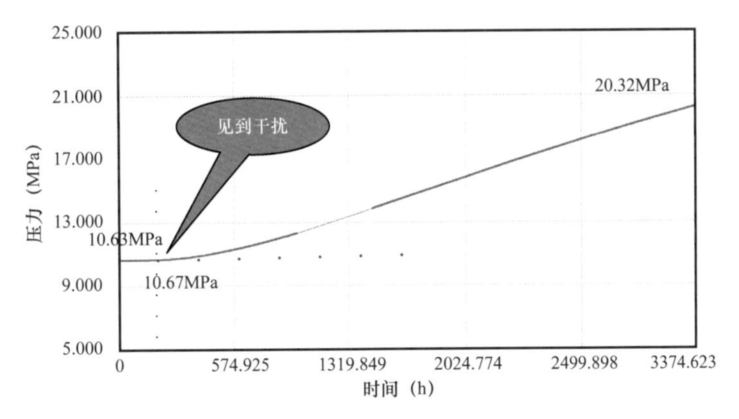

图 3-83　SCK-8 井井底压力监测曲线

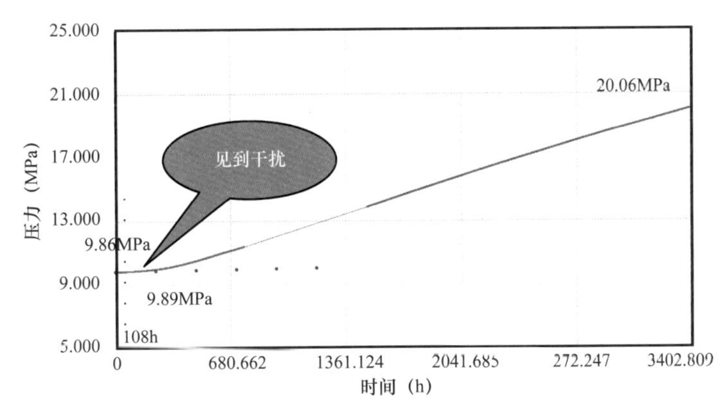

图 3-84　SCK-11 井井底压力监测曲线

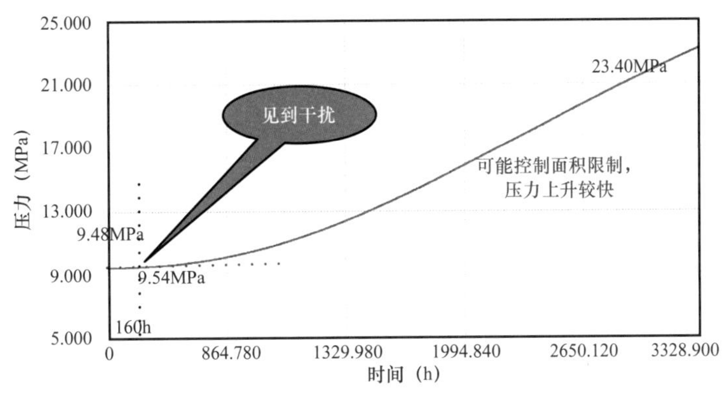

图 3-85　SCK-S1 井井底压力监测曲线

对比第五至第六周期注气前套压和注气平衡后库区内气井油压变化（图 3-86，图 3-87）。库区内采气井套压均上升，且平衡后套压水平基本一致，表明 S224 储气库区储层连通性较好。

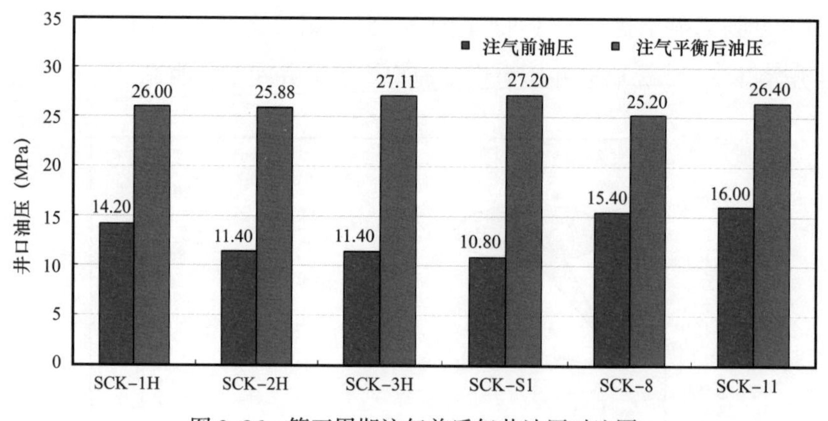

图 3-86　第五周期注气前后气井油压对比图

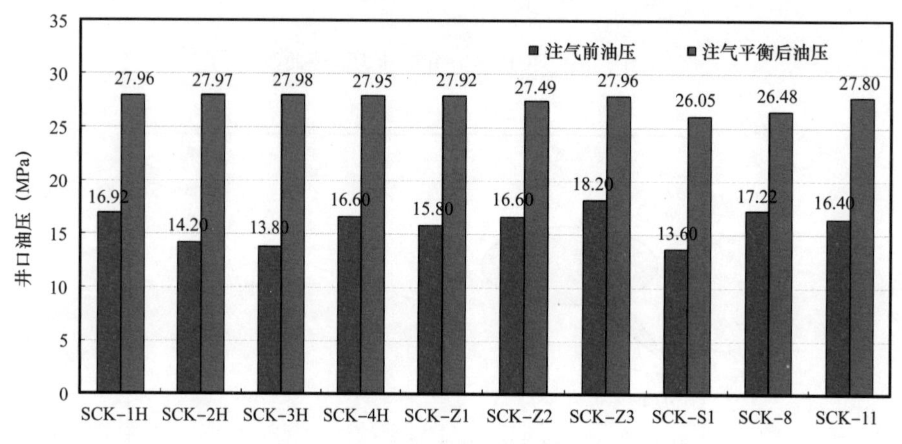

图 3-87　第六周期注气前后气井油压对比图

2. 局部潜坑或致密带发育

水平井 SCK-4H、SCK-2H 钻井过程中，钻遇多段低渗、致密白云岩段，侧向地层局部缺失，钻遇本溪组底部泥岩，为奥陶系风化壳侵蚀潜坑之上的充填沉积，其长度为100～300m。这对气井产能影响较小，但会限制局部天然气的渗流。SCK-2H 井一次改造试气测试地层压力为 24.6MPa，明显高于区块邻井地层压力，且压力恢复试井解释渗透率仅 0.44mD，远低于邻井，分析该井附近存在局部岩性致密带。

3. 储层表现出径向复合特征

各周期注采前后利用气田开发阶段建立的气藏压降曲线评价地层压力，与实测地层压力存在一定误差，注气后井底实测压力偏高、采气后井底实测压力偏低，表明库区外围渗透性变差，气藏径向复合特征明显。在储气库短期强注强采的条件下，库区地层压力无法实现整体平衡，注气阶段局部相对高渗区易形成憋压。

（三）库容动用情况分析

采用压降法和产量不稳定分析法，综合评价 S224 储气库生产阶段动态储量为 $10.4\times10^8m^3$。2015 年注气前，储气库区整体关井测试地层压力为 7.2MPa（库存量为 2.45×

10^8m^3)。新补充数据点仍位于整体曲线上，复算库容量与方案基本一致。另外，气库3口气井在正式运行前，已累计生产天然气量为$8.3\times10^8m^3$，当时储气库区平均压力为7.2MPa，进一步说明库容量评价结果可靠，低速渗流条件下气库的静态库容量为$10.4\times10^8m^3$（图3-88）。

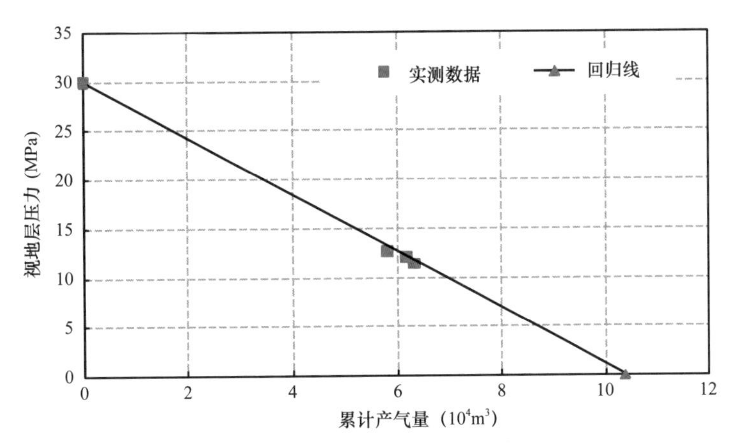

图3-88　S224储气库库存量与对应视地层压力图

根据多注采周期库存量及地层压力变化特征分析（图3-89），第六周期提压注气试验，平均地层压力升高至34.0MPa，气库库存量达到运行以来的最大$9.1\times10^8m^3$。分析认为，低渗储层在强注强采条件下，原始地层压力对应的库存量较气田开发阶段动储量偏低，即存在一定的难动用库容。随着注采周期的增加，库容动用程度逐渐增高，库存量与地层压力关系曲线逐渐向气田开发阶段靠拢，目前来看仍有较大空间，需较多的注采周期来进行逐步扩容。

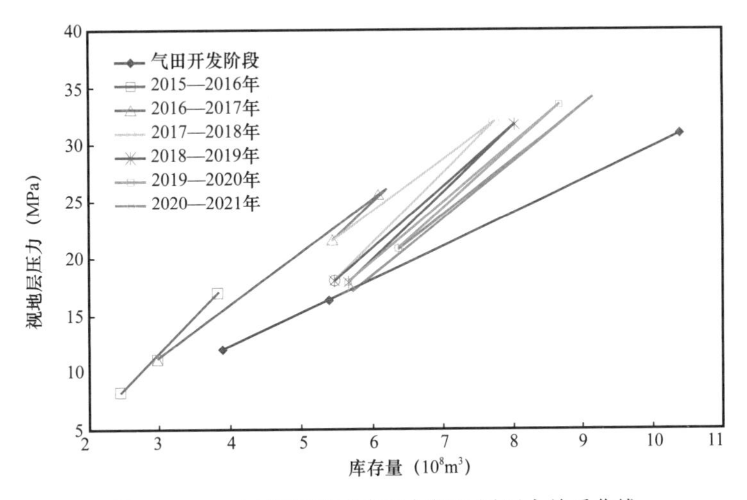

图3-89　S224储气库库存量与视地层压力关系曲线

（四）气井注采气能力评价

获得气井产能方程是论证气井注采能力的基础。气井注采过程中，储层的流出与注入能力主要根据气井产能方程来计算。库区内气井开展多点产能试井较少，因此，综合试气、生产、试井等多类数据，建立了每口气井的二项式产能方程（图 3-90），评价气井的吸入和产出能力。

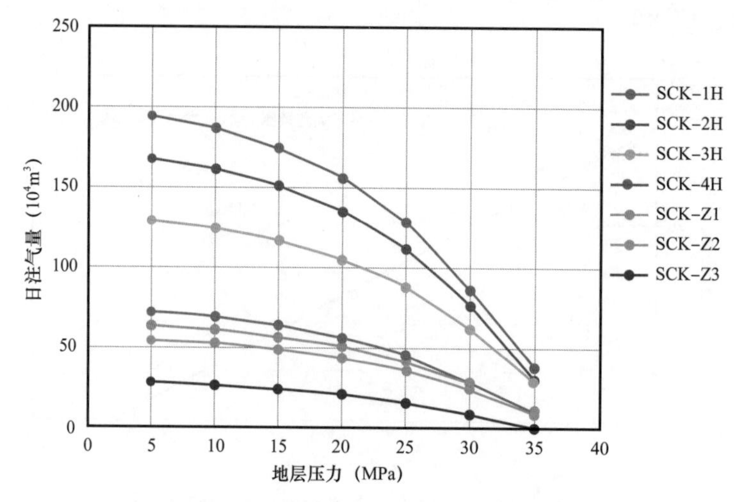

图 3-90　S224 储气库气井注气能力评价曲线

应用节点分析法，评价了每口井的注气能力随地层压力变化关系（最大注气井口压力为 28MPa）。其中 4 口水平井在运行压力 18.5～32MPa 条件下，井均日注气能力为 49.3×10^4～$117.6\times10^4m^3$；3 口定向井在运行压力 18.5～32MPa 条件下，井均日注气能力为 15.8×10^4～$40.6\times10^4m^3$。当地层压力升高至 30.0MPa 以上，井底流压与地层压力压差快速减小，气井注气能力快速减弱。

应用节点分析法，确定了每口气井的采出能力随地层压力变化关系（采气最低井口压力为 6.4MPa、生产压差为 8.5MPa）（图 3-91）。其中 4 口水平井在运行压力 18.5～32MPa 条件下，井均日采气能力为 56.0×10^4～$86.9\times10^4m^3/d$；6 口采气直/定向井在运行压力 18.5～32MPa 条件下，井均日采气能力为 21.7×10^4～$36.5\times10^4m^3/d$。

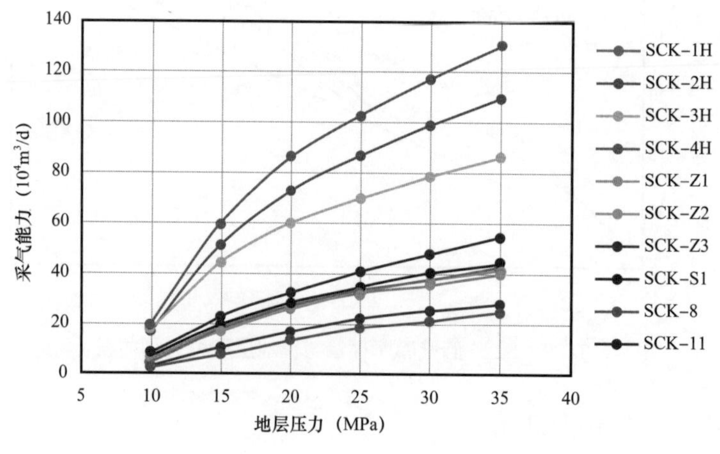

图 3-91　S224 储气库气井采气能力评价曲线

总体来看，低渗薄储层的水平井注采能力可达到直井 3.0 倍以上，按照单井投资水平井为直井的 2 倍，在短期快速注采时水平井生产能力更为突出，采用水平井进行建库效益更好。

平面分布上来看，相对高渗的中部—西南部气井注气能力高，产量较高的 SCK-2H 井、SCK-3H 井、SCK-4H 井均分布在该区域；而东侧的 SCK-S1 井、西北侧的 SCK-8 井、SCK-1H 井储层较致密，渗透率偏低，气井注采能力也相对较弱。

（五）硫化氢气体变化规律分析

S224 储气库气田开发阶段测试平均 H_2S 含量为 553.9mg/m^3。多周期注采测试表明，随着采气周期增加，H_2S 组分含量明显降低（图 3-92，图 3-93）。经过 6 个周期注采表明，H_2S 含量表现出以下特征：

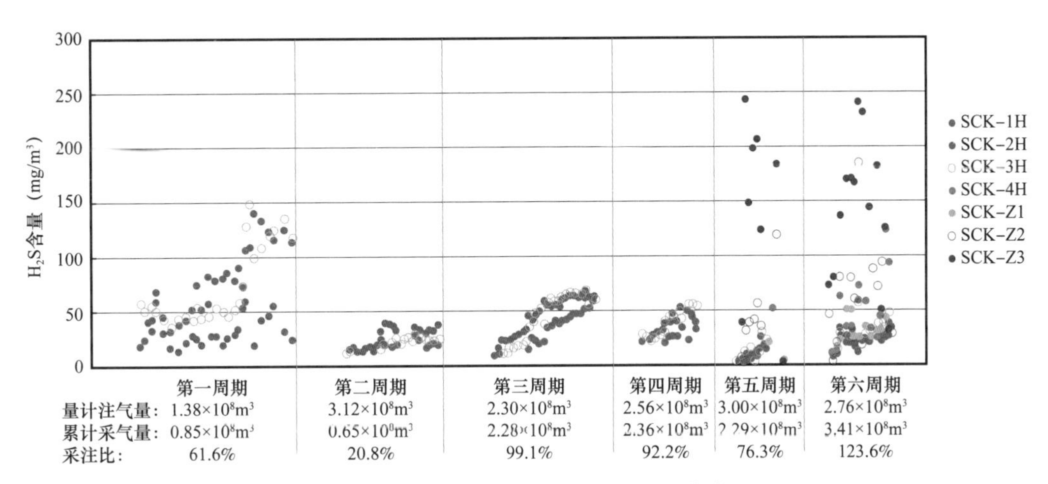

图 3-92　注采水平井 H_2S 含量监测曲线

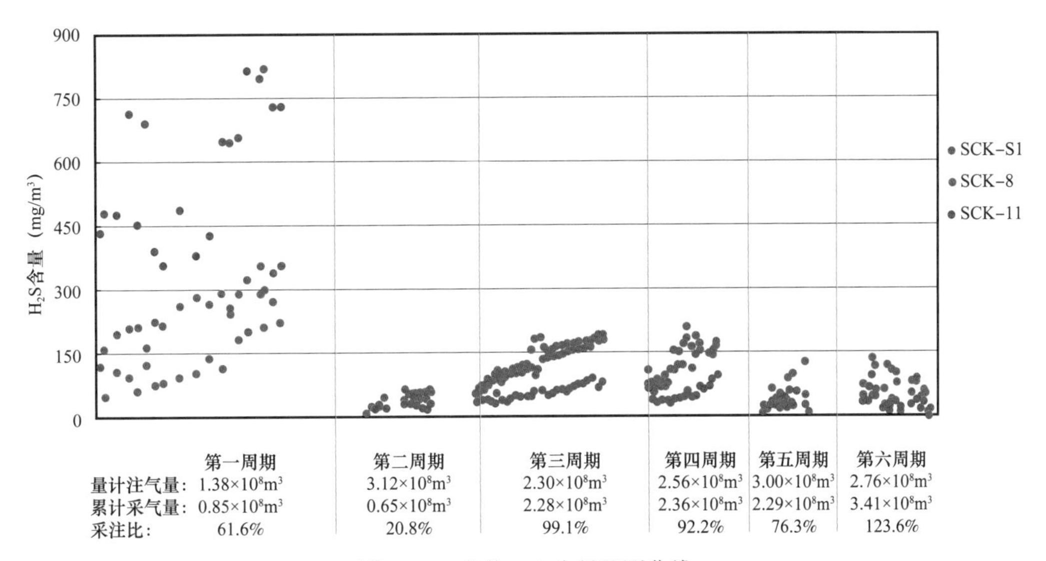

图 3-93　老井 H_2S 含量监测曲线

（1）随着注采周期增加，H_2S 含量整体呈降低的趋势。

（2）各周期内 H_2S 含量均表现出先低后高的特点，反映注入气主要位于井周围，且将原地层酸气向外驱替，采气初期注入气占比高，后期原地层气逐渐增加。

（3）位于库区中部位置的注采井 H_2S 含量明显低于外围的 3 口老井。

（4）后期新投产的 4 口注采井所在区域 H_2S 含量已有一定程度的淘洗混合，但相对原有注采井的周围其含量仍相对较高。

相比其他储气库而言，含硫储气库采出气 H_2S 受气体组分分布、注采比、注采周期等影响，H_2S 的数值模拟拟合难度大。在精细地质建模的基础上，建立含硫储气库组分数值模拟模型，基于采出气 H_2S 含量影响因素分析，开展不同采出程度、不同工作制度及运行方式条件下，分析注气时 H_2S 气体外推回采速度、方向、前缘情况，评价多周期注采过程中 H_2S 含量变化规律研究。

数模表明，随着注采周期增加，H_2S 含量呈半对数下降趋势，前期变化大，后期降低幅度减小。储气库区周边酸性气体组分下降较慢；第五～六周期 4 口完善注采井投产运行后，储气库区西南部 H_2S 组分淘洗明显加快（图 3–94）。针对多轮注采"H_2S 内低外高"特征，建立了"低谷外采、高峰全采"淘洗模式。低谷期外围 5 口开井产气，高峰期 10 口井全部产气，预测 16 个周期后 H_2S 含量可达外输气相关标准（图 3–95）。相比 10 口井全开井采气，可提前 1～2 个周期达标，有效降低了脱硫成本。

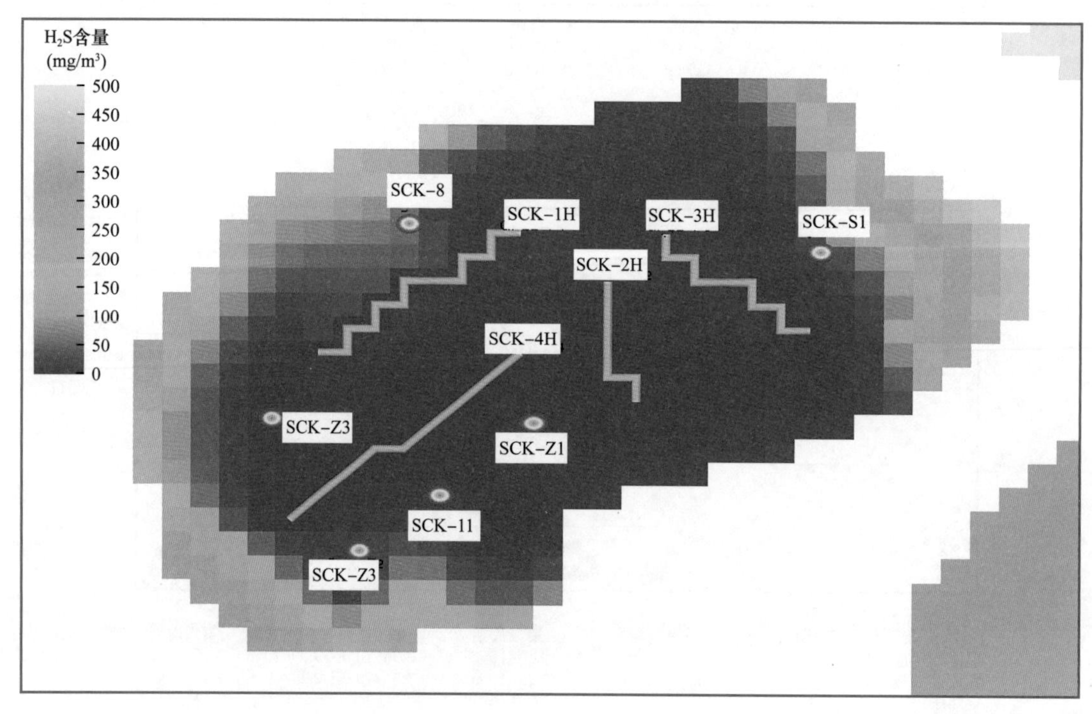

图 3–94　第 6 周期注采末 H_2S 含量分布预测图

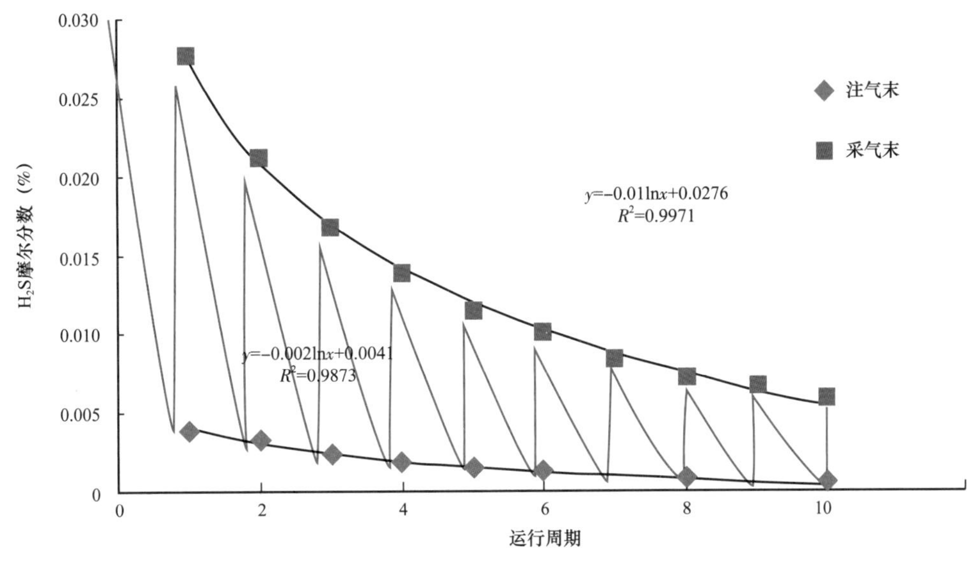

图 3-95 注采周期末 H_2S 摩尔分数变化曲线

四、结论与建议

（1）S224 储气库整体密封性良好。内部储层连通性较好，局部存在致密带；储层非均质性强，表现出径向复合特征。储气库区中心及西南部物性较好，东北部和西北部等区域物性较差。

（2）储气库区库容量落实，但受储层低渗和非均质性的影响，在储气库强注强采条件下，实际动用库容量较利用气田开发数据评价的库容量还有一定差距，但随着注采进行逐渐缩小。

（3）经过 6 个周期运行，采出气的 H_2S 含量大幅下降。注气井周边 H_2S 含量明显较低，外围 3 口老井及完善工程新实施井，H_2S 含量初期仍较高。随着注采周期增加，H_2S 含量呈半对数下降趋势，前期变化大，后期降低幅度减小。

参考文献

阿衣加马力·马合莫，李玉星，车熠全，等,2017. 呼图壁储气库水合物控制方案及优化［J］. 油气储运，36（9）：1024–1029.

包彬彬，张赟新，马增辉，等，2016. 往复压缩机变工况下吸气阀运动及冲击特性研究［J］. 流体机械，8（1）：1–5.

陈超，庞晶，李道清，等，2016. 呼图壁储气库全周期交互注采动态评价方法［J］. 新疆石油地质，37（6）：709–714.

陈磊，2017. PDCA 循环法在呼图壁储气库安全监督管理的应用［J］. 化工管理，（19）：76.

陈月娥，赵勇，王先朝，2015. 呼图壁储气库 KBU_6 注气压缩机适应性改造［J］. 化工管理，（11）：16.

池明，2018. 呼图壁储气库注采井完成首次酸化措施先导试验［J］. 新疆石油科技，2（28）：67–68.

丁国生，李春，王皆明，等，2015. 中国地下储气库现状及技术发展方向［J］. 天然气工业，35（11）：107–112.

方伟，阿卜杜拉塔伊尔·亚森，李瑞，等，2017. 呼图壁储气库地表形变监测数据分析［J］. 内陆地震，31（1）：9–16.

高涵，薛承文，张国红，等，2017. 呼图壁储气库入井液漏失模型研究与应用［J］. 新疆石油科技，27（3）：8–12.

郭平，杜玉洪，杜建芬，2012. 高含水油藏及含水构造建储气库渗流机理研究［M］. 北京：石油工业出版社.

何祖清，何同，伊伟锴，等，2020. 中国石化枯竭气藏型储气库注采技术及发展建议［J］. 地质与勘探，56（3）：605–613.

侯攀，高娅，朱忠喜，2014. FlexSTONE 弹性水泥在地下储气库中的研究与应用［J］. 天然气技术与经济，8（4）：25–27.

江志农，姜冰，张赟新，等，2017. 发动机齿轮断裂故障的有限元分析与试验研究［J］. 机械传动，41（1）：69–73.

李杰，李瑞，王晓强，等，2016. 呼图壁地下储气库部分区域地表垂直形变机理研究［J］. 中国地震，6（2）：407–416.

李晓平，杨桦，2011. 气水分界面稳定运动的渗流力学条件研究［J］. 钻采工艺，（3）：39–40.

李一峰，李永会，高奇，等，2014. 呼图壁储气库紫泥泉子组紫二砂层组储集层新认识［J］. 新疆石油地质，4（2）：182–186.

廖伟，陈月娥，张士杰，等，2020. 大型边底水气藏型 H 储气库储层特征［J］. 中国石油和化工标准与质量，40（3）：221–222.

廖伟，张赟新，王明锋，等，2020. 大型边底水气藏型 H 储气库构造及断裂特征［J］. 中国石油和化工标准与质量，40（4）：166–167.

廖伟，郑强，张赟新，等，2019. 多井试井解释技术在我国大型储气库的应用［J］. 科技创新导报，16（4）：82–83.

刘鑫，赵楠，杨宪民，等，2013. 强吸水暂堵完井液在呼图壁储气库完井中的应用［J］. 石油钻井技术，6（14）：72–77.
卢继锋，周阳，吴运刚，等，2015. 呼图壁储气库试气技术［J］. 油气井测试，24（1）：47–49，53.
罗天雨，麻慧博，艾尼瓦尔，等，2011. 呼图壁储气库合理生产压差数值分析［J］. 中外能源，16（6）：43–46.
马小明，张秀丽，张秀芳，等，2013. 地下储气库调峰产量与采气井数设计技术［J］. 天然气工业，33（10）：89–94.
马新华，郑得文，申瑞臣，等，2018. 中国复杂地质条件气藏型储气库建库关键技术与实践［J］. 石油勘探与开发，45（3）：489–499.
秦山，陆林峰，姜艺，等，2020. 枯竭型气藏储气库完井工艺技术优化研究［J］. 钻采工艺，S1：57–60.
裘新农，2014. 工程技术研究院自主研发的注采气工程技术助力呼图壁储气库建成投产［J］. 新疆石油科技，（1）：2，81.
史全党，王玉，石新朴，等，2012. 呼图壁气田地层水分布及水侵模式［J］. 新疆石油地质，33（4）：479–480.
孙军昌，胥洪成，王皆明，等，2018. 气藏型地下储气库建库注采机理与评价关键技术［J］. 天然气工业，38（4）：138–144.
覃栋优，刘江华，王斌，等，2016. 呼图壁储气库老井封堵体系及封堵工艺研究与应用［J］. 油田化学，33（4）：643–647.
王迪晋，李瑜，聂兆生，等，2016. 呼图壁地下储气库地表盖层变形的 GPS 研究［J］. 中国地震，6（2）：397–406.
王海波，2021. 我国地下储气库发展现状及地质导向的应用［J］. 西部探矿工程，33（7）：84–86.
王皆明，郭平，姜凤光，2006. 含水层储气库气驱多相渗流机理物理模型研究［J］. 天然气地球科学，17（4）：597–600.
王皆明，王丽娟，耿晶，2005. 含水层储气库建库注气驱动机理数值模拟研究［J］. 天然气地球科学，16（5）：673–676.
王庆锋，董良遇，张赟新，等，2016. 一种基于活塞杆动态能量指数的故障监测诊断方法［J］. 流体机械，44（9）：47–52.
王容军，白翔，张新贵，等，2014. 呼图壁储气库废弃井封堵剂研究［J］. 新疆石油天然气，10（3）：26–29.
危齐，王晓强，王迪晋，等，2018. 呼图壁地下储气库三维有限元数值模拟分析［J］. 大地测量与地球动力学，5（8）：477–481.
徐生江，王妮娜，戎克生，等，2013. 胺基抑制剂在呼图壁储气库 HUK25 井的应用［J］. 新疆石油天然气，9（3）：25–28.
薛承文，张国红，罗天雨，等，2014. 呼图壁储气库一趟管柱完井工艺研究与应用［J］. 新疆石油天然气，10（3）：30–33.
曾大乾，张俊法，张广权，等，2020. 中石化地下储气库建库关键技术研究进展［J］. 天然气工业，40（6）：115–123.

张锋，赵志卫，刘碧媛，等，2017. 储气库天然气压缩机用空冷器换热特性模拟研究［J］. 压缩机技术，（3）：10–15.

张刚刚，罗江平，2018. 呼图壁储气库燃气热水锅炉问题分析及思考［J］. 节能，37（5）：89–92.

张刚雄，郭凯，丁国生，等，2016. 气藏型储气库井安全风险及其应对措施［J］. 油气储运，35（12）：1290–1295.

张刚雄，李彬，郑得文，等，2017. 中国地下储气库业务面临的挑战及对策建议［J］. 天然气工业，37（1）：153–159.

张国红，罗天雨，薛承文，等，2013. 呼图壁储气库注采气井射孔工艺技术的研究与应用［J］. 新疆石油天然气，9（1）：28–30.

张国红，庞晶，蒲丽萍，等，2014. 呼图壁储气库微地震监测系统设计及配套工艺研究［J］. 新疆石油天然气，10（4）：82–86.

张国红，薛承文，麻慧博，等，2014. 微地震监测技术在储气库中的设计应用［J］. 新疆石油科技，4（24）：3–12.

张国红，薛承文，王俊，等，2013. 呼图壁储气库水平井完井技术的研究与应用［J］. 新疆石油天然气，9（3）：22–24，52.

张士杰，赵婵娟，谢斌，等，2016. 呼图壁储气库试井资料解释方法探讨［J］. 油气井测试，25（5）：24–26.

张哲，赵志卫，陈月娥，等，2015. 乙二醇损失影响因素分析及对策研究［J］. 化工管理，（11）：82.

郑得文，张刚雄，魏欢，等，2018. 中国天然气调峰保供的策略与建议［J］. 天然气工业，38（4）：153–160.

钟志英，罗天雨，邬国栋，等，2012. 新疆油田呼图壁储气库气井管柱腐蚀实验研究［J］. 新疆石油天然气，9（3）：82–86.

钟志英，邬国栋，张国红，等，2013. 新疆油田呼图壁储气库气井油套环空保护液性能研究与应用［J］. 新疆石油科技，1（23）：45–46.

Credigaz. 2019. Undergroud gas storge in the world–2019 status［R］.